新世紀
日本威士忌
品飲指南

深度走訪各品牌蒸餾廠
細品超過50支經典珍稀酒款
帶你認識從蘇格蘭出發
邁入下一個百年新貌的日本威士忌

【暢銷紀念版】

和智英樹、高橋矩彥——著

陳匡民——譯

THE
SECOND
GENESIS
OF
JAPANESE
WHISKY

日本威士忌的
第二創世紀

撰文：高橋矩彥

隨著真正的蘇格蘭威士忌在明治時代（1868～1912）初期抵達日本，威士忌高昂的關稅與售價帶起了日本自製威士忌的需求，於是，各家酒廠開始生產各種混合飲用酒精和調色劑製成的威士忌。早期日本威士忌的發展，無疑是從山寨版開始，這也無可厚非。

但是隨著時代發展，經濟尚有餘裕的攝津酒造在主管岩井喜一郎的推薦與社長阿部喜兵衛的決策下派出了竹鶴政孝，成為第一位前往蘇格蘭學習威士忌釀造的日本人。兩年半期間歷經斯貝塞區（Speyside）的朗摩蒸餾廠（Longmorn）、坎貝爾鎮（Campbeltown）的赫佐本蒸餾廠（Hazelburn）等學習正統威士忌製造技術後，他帶著大批筆記回到日本，最終在環境的驟變下，竹鶴政孝離開攝津酒造到了壽屋——今天的三得利（Suntory），在鳥井信治郎手下創立了山崎蒸餾廠。於是，日本在1924年有了第一座真正的威士忌蒸餾廠，數年後，也產出了第一款真正的國產威士忌「白札」。但是，當時日本消費者尚不認識正統威士忌風味，「白札」未引起盛讚。

接著，四十歲的竹鶴政孝離開了壽屋，來到風土環境酷似蘇格蘭的北海道余市，建立了自己的蒸餾廠，並以「大日本果汁」為名生產蘋果汁渡過等待威士忌熟成的收入空窗期。

1937年，壽屋推出的「角瓶」大獲好評，竹鶴政孝創立的Nikka也推出了酒款「Rare Old」，開啟了日本威士忌市場的競爭局面。接著，麒麟施格蘭（Kirin Seagram）在1972年建設御殿場蒸餾廠，確立了今天三大鼎立的態勢。

至此，可謂是日本威士忌的第一創世紀。

近年隨著微型精釀蒸餾廠的增加，也出現了不同以往大量生產、販售的嶄新方向。全球的日本威士忌愛好者，有了三大酒廠之外的更多選擇，不論是

本坊酒造的 Mars 信州和 Mars 津貫蒸餾廠；江井之嶋酒造的白橡木蒸餾廠（White Oak）；初創威士忌（Venture）的秩父蒸餾廠；木內酒造的額田蒸餾廠；Gaiaflow 的靜岡蒸餾廠；堅展實業的厚岸蒸餾廠等，都在各自堅持的路線推出特色獨具的威士忌。這些蒸餾廠不僅是蒸餾規模更少量、更多樣，許多更在設計規畫酒廠之初，就將未來的酒廠參觀列入考量。

　　從以蘇格蘭為師，到今日能自己創造風格獨具的優質威士忌，今天的日本威士忌正朝向更保有自我風格的未來摸索前行。

　　事實上，日本威士忌也如同蘇格蘭一樣歷經了產業的起起伏伏，從二戰後的原料不足、經濟蕭條，終於迎來洋酒普及、第一次高球（High Ball）風潮、水割喝法普及、石油危機、泡沫經濟崩壞、阪神大地震、雷曼危機等等，直到近年才在東日本震災後，好不容易迎來

第二次高球流行，加上連續劇《阿政》大紅的推波助瀾，種種環境的巨變，都對日本威士忌銷售帶來極大影響。

對蒸餾廠來說，預測銷量更是難上加難，因此銷售大好時庫存往往趕不上，就算要增加產量，也得考慮人事經費與倉庫容量等問題，在面對預測未來的難度時，威士忌產業充滿無限挑戰。

山崎蒸餾廠在2023年迎接創設百年紀念，而如今，或許也正是日本威士忌產業準備迎向第二波高峰，邁入第二創世紀。

許多海外遊客不僅會專程前往蒸餾廠，威士忌專門店裡更是充滿外國人的身影，只要是標示了年份的限定酒款，不論有沒有得獎，總是馬上銷售一空，經長期熟成的酒款更是屢屢在網路以高價售出。不過，威士忌不像啤酒，它畢竟須經過至少三年的熟成才能推出，全球需求的暴增之下，許多蘇格蘭威士忌酒廠也面臨了同樣情形。甚至在酒精濃

度方面，不同以往常見 37％、40％、43％的酒款，加水量較少的 47％、50％、56％等高酒精濃度酒款，最近開始有增加的趨勢。總之，日本威士忌生產在近百年來達到的成就，能透過比較單一麥芽的「白州」和「余市」，以及品嘗調和威士忌的「響」和「鶴」，有深刻的體會。品嘗「桶陳50％」，則能好好感受單一蒸餾廠竟能透過麥芽和穀類，達到如此的豐富性格，就更別提「Ichiro's Malt」、「駒之岳」、「明石」（Akashi）等各家新進蒸餾廠。

　　如今，正是能親身目睹日本威士忌進入「第二創世紀」的大好時機。

CONTENTS

目 錄

日本威士忌的地平線

撰文：高橋矩彥

攝影协力：SUNTORY HOLDINGS LIMITED.

我第一次喝威士忌是什麼時候啊？

還記得學生時代常喝的是啤酒和清酒，因為喜歡日本料理，所以可以從餐前、佐餐，一直喝到餐後。我當時應該是從剛推出的平價的三得利「紅標」（Red）和「Hi Nikka」為主開始喝起威士忌，然後隨著開始工作、手頭更寬裕後，變成喝「角瓶」與「黑Nikka」，另外還攝取了大量的琴酒、葡萄酒及伏特加等。三十歲前半，則是沉浸在野火雞（Wild Turkey）、美格（Maker's Mark）、哈伯（I.W. Harper）、四玫瑰（Four Roses）等各品牌的大量波本之中，三十歲後半，開始進入起瓦士（Chivas Regal）、順風（Cutty Sark）等調和威士忌的時代。

也是在三十歲後半，因為前往英國採訪的關係，有機會騎著機車經過愛丁堡，然後在當地買了「拉弗格10年」（Laphroaig 10）、「格蘭傑12年」（Glenmorangie 12）、「布希密爾10年」（Bushmills 10），當時對於單一麥芽的豐富滋味相當驚豔。這些酒中難以言說的滋味讓我興奮，也讓我因此展開了蘇格蘭蒸餾廠之旅。我在六次旅程中，總共走訪了八十六家蒸餾廠，深入品嘗了蘇格蘭的各種單一麥芽與調和威士忌，乃至於陳年酒款，之後的好幾年，都沉浸於艾雷島（Isle of Islay）和斯開島（Isle of Skye）性格獨具的威士忌風味裡。

2015年，我到了美國，展開二十五家波本威士忌蒸餾廠之旅，在遍飲共四十五款波本和裸麥威士忌之後，也確認了這些酒款之間確實存在著超越想像的差異和獨特個性，感覺自己終於體會到了波本的終極美味。深感威士忌的美味是一種可以超越國境和人種而共感的偉大文化。

至此，我已經和同為酒癡的攝影師和智英樹，共同著有關於蘇格蘭和波本威士忌的數本書籍，但是，卻沒有任何關於故鄉日本威士忌的著作。

於是，我們認為用過去走訪海外百家以上蒸餾廠培養出的嗅覺與味覺，來重新檢視日本威士忌的時候到了，或許，也能因此有很不一樣的新體驗。於是我們不只從北到南走遍日本各家蒸餾廠，也將目前可以買得到的酒款都買了，我與和智一人一份，一如往常地，我們會在喝完一瓶之後才細細品評，不論蘇格蘭或波本威士忌，這是我們一直以來慣用的判斷方法。因為如果不遍飲所有酒款、沒有大量的品飲經驗，根本

無從理解。

喝了這麼多的酒之後，我也對日本威士忌產生了一些根本疑問。

Q：在日本國內生產的就叫「日本威士忌」嗎？

這確實是目前最基本且簡單的判定法則。

Q：因為是日本人做的，所以叫做日本威士忌嗎？

如果釀酒師來自蘇格蘭呢？就不能算是日本威士忌了嗎？這個嘛……。

Q：必須所有原料（如大麥、玉米到酵母等等）都是取自日本這塊土地，才稱得上是日本威士忌嗎？

其實蘇格蘭的蒸餾廠裡，也有很多原料購自英國、德國、美國等地，美國的波本或裸麥威士忌，也有很多使用加拿大或德國的進口原料。所以應該不須如此限制。加上受限於成本，如今仍然使用自製麥芽的蒸餾廠已經幾乎不存在。儘管也有酒廠計畫做出像初創威士忌的百分之百埼玉產威士忌，比方說木內酒造的麥芽就是採用當地茨城縣產黃金大麥，但是到底何時才能完成？屆時酒價又會如何？這些問題都很有意思。

Q：如果混有產自海外的麥芽或穀類原酒，就不能算是日本威士忌嗎？

這個問題很微妙，過去曾經一度有很多標示日本產的葡萄酒，其實是混了大量廉價進口葡萄酒魚目混珠而成，也連帶促成現今日本葡萄酒界限制混調酒必須標示源頭產酒國。同時也因此推動了日本國內對於純國產優質葡萄酒的各種改革，酒質有了實質的提升。

Q：蘇格蘭威士忌在經過私釀酒、偽酒盛行的渾沌年代之後，訂定了必須熟成三年的法律規範、波本則規定須經兩年桶陳，日本威士忌針對桶陳時間有什麼規範？

事實上，全球的威士忌法針對威士忌釀造有以下的定義：蘇格蘭威士忌必須在蘇格蘭的蒸餾廠，以水、發芽大麥（或添加其他穀物的全穀粒）蒸餾而成，並在該蒸餾廠進行糖化、發酵，且須在蘇格蘭當地於容量700公升以下的橡木桶內，經過三年熟成。還須在倉庫或經許可的場地熟成，不得添加無味焦糖著色劑以外的任何添加物。

由此可見，蘇格蘭威士忌必須符合嚴格的生產規範。

愛爾蘭也在1980年制定了愛爾蘭威士忌法，規定必須在愛爾蘭或北愛爾蘭，讓穀物經糖化、發酵後，再蒸餾成

酒精濃度94.8%以下的酒精，並在愛爾蘭國內或北愛爾蘭境內的倉庫木槽中經過至少三年的熟成。

美國也有規範波本威士忌的法規，原料必須使用超過51%的玉米，其他小麥、大麥與裸麥等穀類占比為49%以下，蒸餾必須在酒精濃度80%以下，再加水至酒精濃度不超過62.5%，並在內部經燻烤的白橡木新桶內經過至少兩年的熟成。玉米占比超過51%且大於80%則須稱為玉米威士忌。

從原料到一連串的製酒工序，各國都有詳細規範。

至於加拿大威士忌，一樣必須僅以穀類為原料，經發酵且在加拿大國內蒸餾，在容量180公升以下的木桶內熟成，必須在加拿大國內熟成至少三年。

那麼，日本又是如何呢？

根據日本國稅局的網頁，威士忌必須是「以發芽穀類和水為原料，經糖化、發酵與蒸餾，成為含有酒精的飲品」，有關木桶熟成方面只有規定「於蒸餾後或混合原料時」，至於熟成期間長短則完全沒有規範。也就是說，就算完全不經過木桶熟成，也可以當作威士忌銷售。另外，法規裡關於國家認定的日本威士忌相關解釋還包含：「僅須含有10%原酒，其他90%包含烈酒或酒精濃度45%以上的原料酒精，也能稱為威士忌」。相關規定還有：「生產者於生產酒精時，必須向國稅局申報相關製程，並依規範報稅。至於國產威士忌

的製程則可依照各生產者自定。關於木桶熟成、原料、是否混調等一切不予干涉」。關於日本威士忌的原料方面更只載明：「須為發芽穀類和水」，但是原酒最低僅須占比10%，而且混調的原料沒有任何限制。

在世界其他國家的威士忌製作規範嚴謹，儘管可能形成限制，但卻也讓全球消費者因此產生信賴。日本威士忌在目前沒有相關法規的情況下，的確會令人產生許多質疑。特別是調和威士忌，當今消費者無法得知到底麥芽和穀類原酒的比例為何，只能從酒的風味自行想像。另外，有標示年份的酒款較容易理解，而無年份標示的酒款，消費者很難知道到底瓶子裡裝的是「年份雖短但已經很美味的原酒」，還是「等不及熟成就搶著要上市的酒」，又或是「熟成得太快的酒」。

今天的日本國產威士忌，早已不再像明治初期的高關稅時代，而是和蘇格蘭或波本威士忌一樣，已經能以適切價格買到的時代。也不像二戰後的時期，做酒的沒有原料、想喝的沒有錢。

特別在連續劇《阿政》效應後，因為日幣貶值而使國外大量搶購日本珍稀威士忌，甚至在拍賣會轉賣以牟利的投機時代也應該已經進入尾聲。接下來，應該是真正將焦點放在酒款風味的內容時代。不只是蘇格蘭眾多蒸餾廠早已意識到全球需求增長，而開始提高產量，更有陸陸續續出現許多積極投入的新蒸

餾廠。另外，還有像是臺灣的噶瑪蘭也推出了在全球廣獲好評的酒款，印度威士忌也正努力推向世界市場，日本的威士忌市場則面臨因人口減少而有不可逆的消費下滑趨勢。

特別是日本現代年輕人一般而言並不偏好高酒精濃度的酒款，因此日本的威士忌產業，很快也將迎來國內消費無法支撐產業發展的時代。因此，產出能讓大家自豪地說：「這才是日本威士忌」，並以真正的美味和世界其他威士忌一較高下，才是我輩威士忌愛好者的心願和期待。

三得利、Nikka 與麒麟三大酒商的酒類銷售額中，其實有一半源自啤酒，至於威士忌，只是微不足道的一小部分。

偉大的竹鶴政孝，讓日本人知道什麼叫威士忌，從他開始在日本重現道地蘇格蘭威士忌，迄今已即將邁入百年。相信許多人都像我一樣，希望日本能在這個關鍵時刻，推出更多能受全球肯定的美味威士忌。例如，這二大日本酒商的百分之百穀物威士忌就有獨特風味，足以與蘇格蘭或美國的同酒類一較高下。日本也以各種材質木桶進行多元的熟成實驗，試著從中吸取經驗。近年來，甚至還有許多在蒸餾器方面進行微調或特殊設計的蒸餾廠，未來能產出什麼樣的原酒，也都讓人充滿期待。隨著精釀微型蒸餾廠的陸續誕生，各種新設計和想法勢必也都將為日本威士忌帶來更具獨創性的未來。

如今的日本威士忌，已經不再追求如何重現蘇格蘭威士忌，而是走向嶄新的地平線，即將展翅高飛。至於各位愛酒人，也不該再被各種競賽、獲獎經歷所迷惑，正是時候確實鍛鍊自己的感官。一開始也許可以遵循前輩的推薦，但這種方式其實作用不大。自我鍛鍊的最佳方式，還是同時多買幾瓶不同威士忌，然後同時以純飲進行少量的比較試飲。如此一來，肯定能從中找出自己的口感偏好，也能進而分辨出威士忌的好壞優劣。接著，只須在同價位範圍內選購合乎自己口味的酒款。隨著逐漸掌握自己的口感偏好，如果能再找到讓自己喝不膩的酒，未來就只須以這款酒為基準座標，新上市的酒款就能一一放在座標上的相對位置。另外，能在國外囊括各種獎項的很多都是 21 年、30 年的高年份酒款，充滿熟成高雅的風味，因此價格都相當驚人，對經驗尚淺的入門者來說，我會比較建議不妨從價格更基礎的 8 年或 10 年來確認酒款的基本風味。也不用擔心珍稀酒款再不喝就沒有了，因為每年都會有新酒上市，大可以放心等到自己真正能體會好酒風味的那一天，也一點都不遲。

某個笑話是這麼說的：

「你喜歡什麼樣的威士忌？」

「這要看是誰付的錢了。」

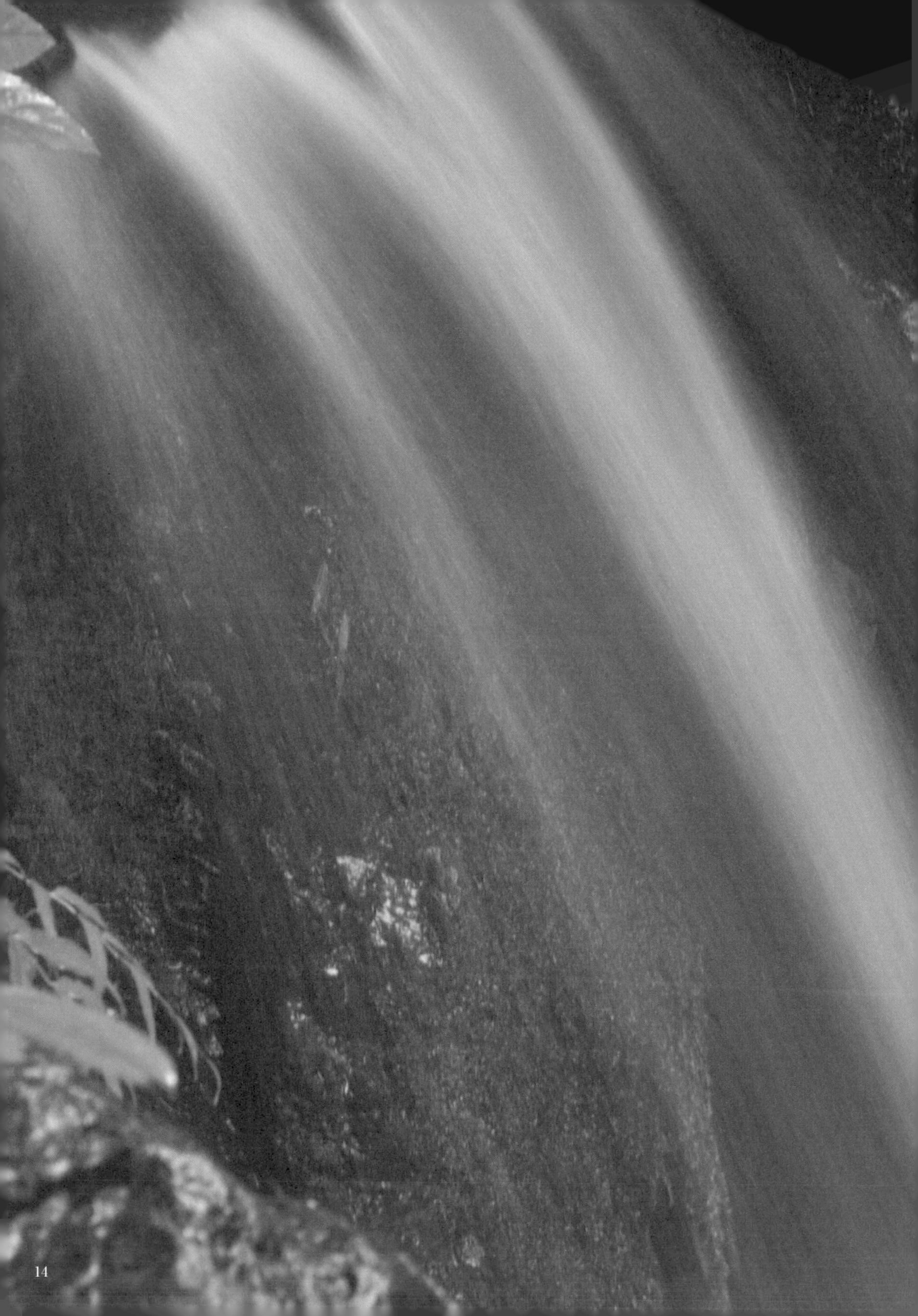

縱觀日本和全球的
威士忌歷史

所謂的日本威士忌,是從蘇格蘭移植而來,可謂是一種源自外國的蒸餾技術。雖然日本也有在地的蒸餾酒(如燒酎),但兩者並不相同。自從壽屋的山崎蒸餾廠建成之後,日本才開始蒸餾生產所謂真正的蘇格蘭威士忌,而日本的威士忌蒸餾史,至今也將近百年。就讓我們再次回到原點,探究在我們心中,日本威士忌到底是什麼樣的存在。回顧過去的歷史,也許也是消磨漫漫長夜的絕佳話題。

撰文:高橋矩彥

圖片提供:
　三得利(Suntory Holdings Co., Ltd.)
　朝日集團(Asahi Group Holdings Co., Ltd.)
　Nikka Whisky(The Nikka Whisky Distilling Co., Ltd.)
　初創威士忌(Venture Whisky Co., Ltd.)
　本坊酒造(Hombo Shuzo Co., Ltd.)

插畫:高橋清子(Kiyoko Takahashi)

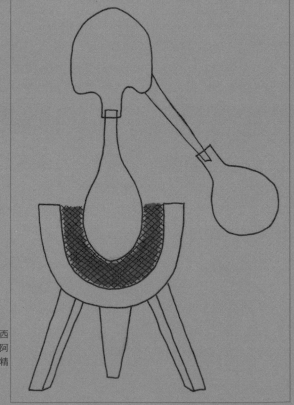

傳說中的蒸餾技術是由埃及人在西元前一千五百年前開發,接著由阿拉伯人陸續以此技術精煉香水和精油,才持續活用發展至今。

◉威士忌是在哪裡發展成形？

威士忌到底是在什麼時候、哪裡、又是怎麼樣發展出來的呢？一般認為，西元前兩千年的古代巴比倫和埃及，由於釀造啤酒的需求而發展出蒸餾技術，接著又經過希臘、羅馬時代，隨著技術的完成度愈來愈高，也跟著基督教的傳播而同時擴散到西班牙、英國、愛爾蘭與蘇格蘭等地。早在西元前三千年的中國與西元前兩千五百年的印度就有相關技術發現，因此西元前兩千年左右的東方早有蒸餾技術，蒸餾酒可說是擁有悠久人類歷史的東西。

一般認為，最早的蒸餾技術其實為了滿足醫療、香料、保存物資等較特定的需求，而非用來製酒。隨著蒸餾技術與時俱進，飲用酒方面才開始引進蒸餾技術。以蒸餾技術演化發展的大方向來看，蘇格蘭和愛爾蘭共同主張「我國才是威士忌發源國」的爭論，也是酒席之間頗為有趣的議論。

首先，雖然釀造威士忌在原料方面的確和啤酒無異，但並非直接混和大麥與熱水，而是須先將大麥磨碎，再加上適當溫度的熱水和酵母。藉由糖化酵素將液體中的澱粉轉為帶有糖分的麥汁，接著添加酵母引起發酵，讓麥汁成為酒汁（wash）。

在波本製程中酒汁稱為「啤酒」（beer），這種淡酒精液體接著會進入罐式蒸

蒸餾技術為煉金術的副產物，其不但促進了醫學和科學的發展，也讓我們有機會享受到有各種酒精飲料加入日常飲品的快樂時光。

餾器，利用水和酒精的不同沸點（水和酒精分別是攝氏 100 度與 78.32 度），經過加熱，蒸餾出無色透明的烈酒。這些蒸餾出的烈酒會再添入水，並經過木桶的儲存培養，最後成為威士忌的原酒。上述這些蒸餾的原理，不只用在製造各種酒精飲料，也廣泛應用在香料、精油等製程。

　　據說，西元前四千年的古埃及人就已經知道，將葡萄酒置入烘烤過的橡木桶內培養，能讓酒更美味。也就是說，倘若我們回顧過去六千年前的歷史脈絡，最早開始進行木桶內部烘烤的並非蘇格蘭人，甚至也不是有波本威士忌之父稱號的牧師伊利亞‧克拉格（Elijah Craig）。雖然這些奠定品牌地位的傳說多少都有幾分浮誇，其實不必太深究，但具體來說，一般認為早在西元 711 年，隨著在軍事文化比歐洲進步的伊斯蘭帝國奧米亞王朝，沿著地中海將勢力範圍擴張到北非，並渡過直布羅陀海峽登上伊比利半島，甚至控制西班牙，勢力遠至庇里牛斯山，他們運用阿拉伯式單一蒸餾器的生產方式，才首度以薩拉森文化的一環帶入歐洲。當時蒸餾法和煉金術的知識都是透過基督教會的修士傳授，生產「生命之水」。如果我們進一步深究，當時的基督教會或伊斯蘭教的修道士，其實也涉及各種葡萄酒和啤酒的生產，不難看出當時的宗教家也都是酒類愛好者。當時伊斯蘭的天才化學家阿布‧穆薩‧賈比爾‧伊本‧哈揚（Abu Mūsā Jābir ibn Hayyān）就曾在名為《完成大全》的著作中，詳述各種煉金術的相關技術，從精製黃金的可能性，到各種金屬和礦物的詳細介紹，甚至留

下了關於鹽酸、硝酸等合成方法。這些研究成為後世科學、化學、醫學、蒸餾學等方面的基礎，甚至今日仍是相關學科的基礎系統，更透過文獻的方式廣泛傳播，這些以伊斯蘭語書寫的書籍，甚至在數百年後被翻譯成拉丁文、德文等不同的語言，繼續流傳。

　　儘管威士忌在歐洲的誕生時期仍有不同論點，但是由於蒸餾的歷史是從上述的薩拉森文化經過希臘與羅馬，因此實際的狀況應該是接著經大西洋，相繼傳到西班牙、法國與英國，最終才抵達愛爾蘭，乃至於蘇格蘭西側諸島，再從金泰爾半島陸續傳到高地和低地。

　　西元 1172 年，當時的英格蘭國王亨利二世（Henry II）在攻打愛爾蘭之際，相關紀錄表示他曾飲用以啤酒蒸餾的烈酒。因此，很有可能是從當時的愛爾蘭引進了蒸餾技術，接著才移植到蘇格蘭和英格蘭。

　　另一方面，在西元 1095 年的第一次、1147 年的第二次、1191年的第三次十字軍東征中，還從巴勒斯坦帶回了日後在歐洲全境蔓延的鼠疫。

　　接著到了十三世紀中期，又有拔都率領的蒙古軍來到歐洲的波蘭、匈牙利，並在烏克蘭、俄羅斯與中亞北部建立了欽察汗國，在中東和中亞南部建立了廣大的伊兒汗國。

　　這時，由於蒙古軍的大舉移動，黑死病被帶到歐洲各地造成大流行，甚至據說造成當時歐洲人口因此減損三分之一（約兩千萬人）。

　　當時兩種有生命之水稱號的白蘭地和威士忌，被當成了黑死病的特效藥（儘管這是沒有科學根據的誤解），歐洲人因此大量飲用。根

最早的蒸餾器原型。愛丁堡的外科和理髮相關業者
在 1506 年以生產治療用藥的名義，取得了蒸餾酒
的獨占生產權。

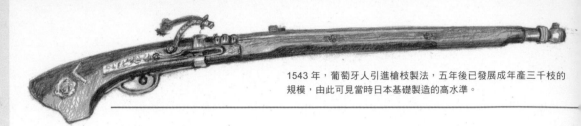

1543 年，葡萄牙人引進槍枝製法，五年後已發展成年產三千枝的規模，由此可見當時日本基礎製造的高水準。

據這些史實，應該也能推估出，阿拉伯語中以所謂「蒸餾」方式產出的蒸餾酒，其實很可能是在黑死病大流行之前的十一到十四世紀便已經存在。

這種蒸餾方式又透過陸、海兩路，經印度、印尼、中國，甚至傳到當時的琉球、薩摩等地，並且透過米和地瓜等原料，發展出日後的泡盛與燒酎。

一份 1494 年的英格蘭公文甚至留有這段話：「給修道士柯約翰 1,200 公斤麥芽，命其生產生命之水」。

◉日本人從何時開始飲用威士忌？

十四世紀起在歐洲各地廣泛飲用威士忌之際，當時的德川幕府正採取鎖國政策，因此，是否真的從 1543 年葡萄牙船漂抵種子島，直到 1853 年美軍准將培里（Matthew Calbraith Perry）抵日的三百一十年間，都從沒有日本人喝過威士忌呢？

且讓我們一同回顧一下歷史。

1543 年，葡萄牙船漂抵種子島，歐洲因此發現地處極東的日本。當時葡萄牙人曾經以交換槍枝製法中關於螺絲和槍身內側螺旋切割的技術，要求日本製刀名家八板金兵衛把女兒若狹嫁到歐洲作為交換。

1546 年，葡萄牙人喬治・阿爾巴勒斯（Jorge Álvares）——曾把鹿兒島出身的彌次郎，同時也是日後第一位受洗為基督教徒的日本人（受洗名為安傑羅），介紹給耶穌會第二號人物聖方濟各・沙勿略（San Francisco Javier）——就曾記述當時薩摩（今日的鹿兒島西部）已經有生產蒸餾酒（燒酎）的技術，這些關於日本的資訊後來也傳入歐洲，成了日本烈酒生產的第一份紀錄。由此可見，關於酒的蒸餾、釀造及飲用，自古以來就一定一直是全球人類共同關心的話題。

1548 年，安傑羅受沙勿略之邀前往印度西海岸的果亞，成為首位受洗為基督教徒的日本人。

1549 年，在葡萄牙船長阿爾巴勒斯和安傑羅的協助下，沙勿略以宣揚基督教的名義登上鹿兒島。

1550 年，葡萄牙船抵達長崎縣平戶。

1563 年，在日本滯留三十四年的天主教傳教師路易斯・弗洛伊斯（Luís Fróis），因為謁見織田信長與豐田秀吉，而在《日本史》上留名。

1582 年，天主教大名大有宗麟以布道活動的名義，指派天正遣歐少年使節團前往歐洲。從長崎經麻六甲海峽、印度、好望角，再途經葡萄牙、西班牙，終於抵達目的地義大利羅馬，透過謁見天主教教宗，希望能獲得在日本宣教所需的經費與精神援助，並且在 1590 年重返日本。不難想像，當年隨行的日本少年，在經過八年漫長旅途長大成人的過程中，多少可能在當地有過品嘗葡萄酒或烈酒的經驗。返國的四名成員，儘管隨後遭遇了基督教傳教禁止令（1587 年，豐臣秀吉頒布驅逐神父令）多舛的命運，然而使節團卻為日本帶回了歐洲的活字印刷技術、正確的航海圖與西洋樂器等事物。

另一方面，當時在十六世紀後半，還留

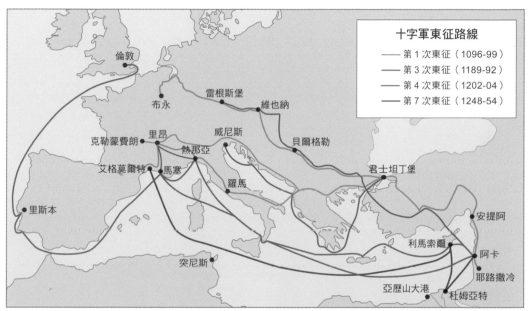

十字軍東征路線
—— 第 1 次東征（1096-99）
—— 第 3 次東征（1189-92）
—— 第 4 次東征（1202-04）
—— 第 7 次東征（1248-54）

倫敦　布永　雷根斯堡　維也納　克勒蒙費朗　里昂　威尼斯　熱那亞　貝爾格勒　君士坦丁堡　艾格莫爾特　馬塞　羅馬　里斯本　安提阿　利馬索爾　阿卡　突尼斯　耶路撒冷　亞歷山大港　杜姆亞特

1096 至 1272 年經由海陸路的數次十字軍東征路線，儘管目的是收復基督教舊勢力的失地、討伐異端、收復耶路撒冷聖地等等，實際上卻充滿掠奪與殺戮，遠征最終也以失敗告終。另一方面，文物的交流卻促進了日後的歐洲文藝復興。

以草原蒼狼的形象而令人生畏的蒙古帝國奠基者成吉思汗，後世子孫更建立了範圍遠超過中國、韓國，領土擴張遠至歐洲、中東、俄羅斯，甚至足以凌駕亞歷山大和羅馬的帝國。也為後人留下了蒙古軍「抵達、破壞、燒毀、殺戮、搶奪、離開」的征戰印象。在位期間為 1206 至 1227 年。（圖片來源：wikipedia）

下關於日本酒頻繁透過貿易船輪往馬尼拉、阿瑜陀耶（Ayutthaya）、北大年蘇丹國（Patani Sultanat）等出口海外的紀錄，並且一直持續到十七世紀後半。不難想像，酒其實就像水是人類的必需品，自古至今皆以極其平常的姿態往來穿越國界。

1596年，西班牙的重武裝船聖菲利浦號（San Felipe）抵達土佐，據傳當時船上的航海長曾向日本人表示基督教的本質：「一開始先派遣傳教士到各地，以增加基督教的信徒，之後才派遣軍隊，和當地的基督教徒一起征服該國，將日本也變成基督教國家」。

1600年，大分縣的豐後水道又漂來了愛情號（Liefde），船上的英國人威廉·亞當斯（William Adams，日文名為三浦按針）和荷蘭人楊·約瑟登（Jan Joosten，日文名為耶揚子），不但日後在三浦半島和八重洲擁有居所和薪餉，還受聘成為德川家康的外交顧問。兩位新教徒當時更對日本日益激增的天主教徒甚為憂心，他們甚至建言：「如果日本遭遇基督教會和駐軍在馬尼拉的西班牙重裝艦隊入侵，將會淪為屬國」，這才使得日後家康和信長，乃至於秀吉頒布基督教禁令。

1613年，英國設立了平戶商館，但是在1623年就關閉，同年，伊達政宗雖然派了遣歐使節支倉常長前往羅馬，時代背景卻已經進入了基督教士禁止入國的時期。或許讓西班牙艦隊來襲、一起打倒德川，正是他的意圖。

1619年，荷蘭商館助手弗朗索瓦·卡隆（François Caron）將滯留日本二十二年間習得的日本風俗習慣、切腹等寫成《日本大王國志》傳到歐洲。他日後甚至以荷蘭使節的身分造訪江戶，在當時已經囊括歐洲多國籍的荷蘭東印度公司使節團裡，更是齊聚了各種國籍和人種的專家，比如德國的博物學者恩格爾貝特·坎普弗爾（Engelbert Kaempfer）。

自1621到1847年的兩百多年間，總計七百艘以上的荷蘭船隻行經日本，因此自江戶中期以來，日本不只用白銀買來了毛織品、天鵝絨、胡椒、砂糖、玻璃器皿、書籍等等，當然，也很可能買進了不少桶裝葡萄酒，甚至進口了威士忌。

1633年，德川幕府禁止了奉書船以外的船隻前往海外，同時對於在海外居留五年以上的日本人，頒布了禁止回國的第一次鎖國令。隔年，幕府鎖國政策的其中一環，更為了將葡萄牙人集中管理，而設置了人工島「出島」。

自1636年完工到1859年封鎖荷蘭商館的兩百多年間，長崎的出島一直是傳遞西洋文化的窗口。島原之亂以來，在長崎出島的交易行為則移給了基督新教派的荷蘭人，然而，從現今殘存的紀錄可見，隨後而來的美國船隊，卻早在美軍培里（Matthew Calbraith Perry）率隊來日大約百年以前，就已經打著荷蘭的旗幟，開始和日本貿易。

從當時這些和外國的交流不難想見，早在美軍准將培里抵達日本大約兩百年前，日本應該就已經接觸到從歐美進口的桶裝威士忌。

1649年，荷蘭人醫師西爾維烏斯（Dr. Franciscus Sylvius）發明了琴酒。隨著當時荷蘭人在世界各地拓展經貿活動，這款具備利尿、健胃、退燒功能的強力藥用酒的銷售，也

如果比較西班牙和葡萄牙對於南美殖民地的掠奪，沙勿略的訪日或許是作法的分歧點之一。（圖片來源：wikipedia）

現存長崎的出島平面圖。由此可見，江戶幕府最後決定以一個小小的窗口應對外來的西方文明。（圖片來源：wikipedia）

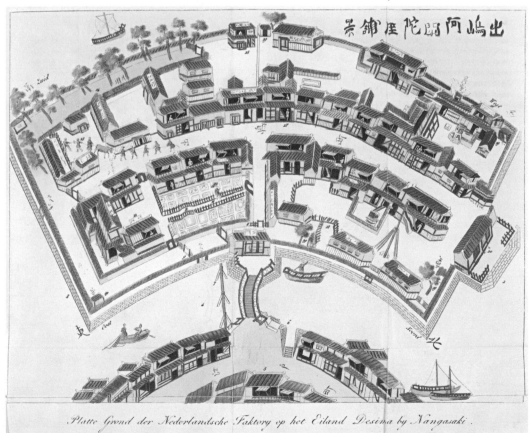

Platte Grond der Nederlandsche Faktory op het Eiland Desima by Nangasaki.

偽裝成荷蘭人赴日的德國人菲利普‧法蘭茲‧馮‧西博德（Philipp Franz von Siebold），於 1830 年返國，將在日本收集的文學和民族收藏共五千件、植物標本五千件，以及各種魚類、昆蟲、鳥類、爬蟲類等收藏帶回故鄉符茲堡，開設了「日本博物館」，並將日本地圖等相關情報提供給俄羅斯和美國。（圖片來源：wikipedia）

跟著持續推高。

1650 年，荷蘭特使安德利斯‧佛萊西斯（Andries Frisius）為了謁見將軍而前往江戶。

1673 年，英國商船返還號（Return）要求通商卻遭到當時的幕府回絕。

1707 年，英格蘭合併蘇格蘭之際，由於徵收高麥芽稅，使得日後蒸餾者為了逃避重稅，開始前往隱密偏遠的地點發展私釀威士忌。後來才傳出這些私釀威士忌因為藏在雪莉酒和葡萄酒空桶裡，經過一段時間後風味竟然變得更好的曖昧說法。

1776 年，美國發表獨立宣言。當時的第一任合眾國大總統喬治‧華盛頓，甚至曾不顧禁令，在自家進行私人的波本威士忌蒸餾。

1789 年，法國大革命爆發，君主專制的波旁王朝被市民革命推翻，開啟步向了近代資本主義的道路。在喬治‧華盛頓為了感謝法國率先承認美國獨立的美意下，波旁王朝的名稱成了肯塔基州波本郡命名的由來，日後也才有了「波本威士忌」的稱號。

1804 年，俄羅斯人雷薩諾夫（Nikolai Petrovich Rezanov）登陸長崎，儘管他帶來打算歸還給日本的漂流者大黑屋光太夫，並且要求通商，但是最終仍然只能在出島滯留半年，要求通商的請求也遭拒。

1806 年，雷薩諾夫的部下獨自襲擊了位於庫頁島的松前藩駐地。

1810 年，法國占領荷蘭，俄羅斯醫師在同年用白樺的活性碳，將酒中的不純物質降至 0.2％以下，伏特加自此正式成為無味、無臭、無色的近代烈酒。由於蒸餾器早在伊斯蘭文明向北傳的過程就抵達俄羅斯，因此當地早在十一世紀就曾生產過蒸餾酒，擁有悠久的產酒歷史。

1823 年，荷蘭東印度公司派遣最高階的間諜西博德（Philipp Franz von Siebold）來日，他獲准在出島之外開設鳴瀧塾，教授日本人西洋醫學。當時學習西醫的包括渡邊華山、佐久間象山等人，雖然也有建國的想法，最終卻遭到幕府鎮壓而判處死刑。

當時所謂的「鎖國」，到底是怎麼一回事呢？事實上，當時的德川幕府並未頒布所謂的「鎖國禁令」，而是在 1616 年（元和二年），限制明朝以外的外國船只能在九州的長崎和平戶兩地出入。但是在對島、薩摩、蝦夷等地的特定窗口，其實能在德川幕府的管制下進行外國貿易。除此之外，各藩的財政也相當仰賴和外國私下進行的貿易活動，就連地處內陸的藩屬都不免須藉此改善窘迫的財政狀況。

例如，愛知縣渥美半島灣內側的田園、豐橋市，就向美國捕鯨船販賣薪柴、飲水、蔬

菜、魚與雞等貨物，並回收船員用完的玻璃酒瓶，以「大久保彥左衛門玻璃」的名義轉賣至名古屋七間町。

此外，和宣揚基督教無關的明朝船隻，則可以任意停靠日本各港口。由於明朝當時和英國、法國等地都有貿易往來，因此也有一說指出，當時的海盜也和明朝船隊和東南亞各國之間，有各式頻繁的秘密貿易或掠奪行為。

1828 年，由於間宮林藏的舉發，才發現西博德竟然在返國之際帶走了伊能忠敬繪製的〈大日本沿海輿地全圖〉。

1832 年，尾張郡知多半島的田原藩漁夫音吉，當時正值十四歲，乘上寶順丸號出海前往鳥羽，卻因為碰到颶風而漂流到美國太平洋海岸，正當他遭受當地原住民攻擊時，被英國船搭救。因為他天資聰明，後來更渡海到倫敦從事將聖經翻成日文的翻譯工作，五年後，他乘著美國商人金格的莫里森號，再度回到日本，但是不幸在浦賀和鹿兒島遭到砲擊，沒能回到祖國。到了他三十六歲那年，終於以英國史塔林艦隊翻譯的身分回到長崎。約在同一時期，田原藩家臣渡邊華山針對日本海防之缺失完成了《慎機論》。

1840 年，英國和中國明朝之間爆發鴉片戰爭，眼見明朝可能面臨淪為英國殖民地的命運，日本一批察覺到外來危機的有志之士，這群在幕府末期憂國憂民的志士不只研讀《慎機論》，更在日後形成尊皇攘夷的思想。

1841 年，約翰萬次郎（中濱滿次郎）在十四歲時，從土佐藩土佐清水出海，不料遭遇海難，後來被美國捕鯨船約翰豪蘭號的船長懷特菲爾德所救。其後，他不但登上美國，還成了船長的養子，在牛津學校、巴雷特學院學習尖端學問，習得民主主義的他，後來乘著自己賺錢買來的冒險號，前往當時仍在鎖國的日本。終於，他在長崎和高知接受層層調查後，相隔十一年終於回到祖國。當時二十五歲的萬次郎，肯定也是威士忌的愛好者。日後，由於幕府需要了解美國的人才，萬次郎還被幕府聘為家臣，並且協助和美方訂定日美和親條約。1860 年，他更隨勝海舟乘咸臨丸號一起前往美國，擔任雙方訂定日美修好通商條約的翻譯，

1853 年，史書留下了威士忌隨培里來日而流傳到琉球和浦賀的紀錄，1858 年史冊更記載曾有一桶威士忌獻給幕府。據傳，培里甚至帶著一份由西博德傳出的伊能忠敬繪製的地圖，並且對地圖的精確感到相當訝異。

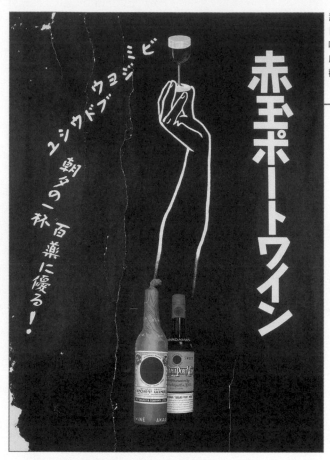

壽屋暢銷商品「赤玉波特酒」的廣告，這款酒也是日本開始廣泛接受葡萄酒的開端。海報寫著：「美味、滋養、葡萄酒，早晚一杯更勝服藥」，這款口感比葡萄酒更香甜的酒，因為首推易飲口感而廣受歡迎。

不過，卻也為自己引來雙重間諜的嫌疑。

1853 年，俄羅斯海軍提督普查欽（Yevfimiy Putyatin）抵達長崎。

1853 年，美軍准將培里帶著數份由西博德傳出的日本地圖登陸浦賀。儘管絕大多數的威士忌相關書籍，都將日本人和威士忌的首度相遇以培里在 1853 年帶來的紀錄為準，然而，遠在 1853 年之前已經有數量眾多的各國船隻頻繁往來日本，日本也有走私的貿易船前往琉球、東南亞、中國，再加上當時葡萄牙人和荷蘭人已經常駐長崎的出島，因此，不難想像實際的歷史或許是他們隨行也帶來了大量的葡萄酒、葡萄牙馬德拉酒、雪莉酒，更別提琴酒、伏特加，乃至於愛爾蘭、蘇格蘭的威士忌

等等，以便在當地飲用。

此外，早在培里來到日本的十一年前，1842 年實質上可謂處於開國狀態，部分在外海遭難的外國船隻或捕鯨船，因應所謂「薪水給予令」日本會提供船隻所需的燃料和飲水。

稍微離題一下，就在 1854 年，培里離日的四個月後，俄羅斯海軍提督普查欽率領當時最先進的巡防艦蒂亞娜號來到日本下田，打算締結日俄和親條約。不料當時因為大地震和海嘯的影響，使得蒂亞娜號翻覆破損，於是巡航艦被拖曳到戶田，由戶田港的造船工人耗時三個月，仿效蒂亞娜號建成了縮小版的西洋船，這艘船被命名為戶田號送給普查欽，他這才能搭著這艘船回到俄羅斯。當時的幕府更下令，命工人以修造這些船隻的經驗再新造出兩艘同樣的船，日後成為日本最新西式軍艦的基礎。

●日本的威士忌歷史

1850 年，軟木塞的出現使得啤酒瓶和葡萄酒瓶急速擴散。及至培里抵日後，玻璃瓶已經廣泛應用。1858 年，日本簽訂了「美、荷、俄、英、法修好」的不平等條約，條約甚至載明利於出口方的低酒類關稅。1868 年，明治維新。翌年則有大政奉還、王政復古等事件，同年，英國、德國、美國的瓶裝啤酒開始銷往日本，在橫濱山手的外國人居留地也產出啤酒，由春谷釀造（Spring Valley Brewery，現今麒麟

這是日本首度使用裸女照片的宣傳海報，因此萬眾矚目。僅在葡萄酒部分以彩色方式呈現，作品的完成度非常高。

啤酒的前身）釀產。當時的國產啤酒以「天沼啤酒」的名義開始販售。

1870 年（明治三年），荷蘭製的琴酒進口到日本。同年，橫濱外國人居留地開設了橫濱大飯店（The Grand Hotel Yokohama），雖然飯店在 1923 年的關東大地震摧毀，但是日後在法國海軍醫院舊址的第三區，又新建了承襲飯店名稱的新橫濱大飯店（Hotel New Grand Yokohama），二戰後，盟軍司令長的麥克阿瑟將軍曾下榻於此。

1871 年，位於橫濱山下町，英國商館的卡魯諾商會進口了「貓印威士忌」。爾後，除了威士忌，白蘭地、蘭姆酒等各種香甜酒類也都為了滿足駐日外國人的需求，而有少量進口。同年，市場上也已經出現了在酒中加入砂糖和香料調配的仿造威士忌。

1872 年，東京京橋區的竹川町藥品盤商瀧口倉吉，率先在日本製造香甜酒，爾後，各種仿效正品的洋酒製造所在各地如雨後春筍般林立，類似琴酒、蘭姆酒、葡萄酒、雪莉酒等各種酒類也在各地大量生產。儘管這些只是模仿正品的山寨酒款，但由於價格遠較進口酒來得便宜，因此自然創造出廣大需求的市場，銷量大增。當時為首的幾家酒廠，包括瀧口倉吉的甘泉堂洋酒製造所、神谷傳兵衛的神谷洋酒製造所、西川洋酒製造所、小西儀助的小西洋酒製造所；而小西的外甥鳥井信治郎以壽屋的稱號——就是今天三得利的前身，在業界開始嶄露頭角。

1879 年，新橋和橫濱之間的鐵路開通，此時，東京、橫濱與神戶的飯店也開始建設許

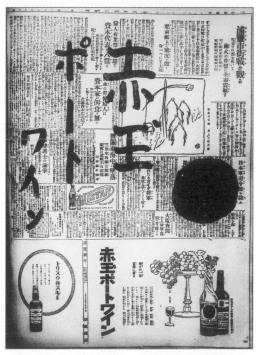

刻意以小孩用毛筆在報紙塗鴉的筆觸，寫出「赤玉波特酒」字樣，此廣告也很有新鮮感。

多專門針對外國人的附設酒吧和餐廳，當然，這些地方也開始販售威士忌。

1888 年，卜部兵吉以 3 萬日圓的資本，在兵庫縣的明石設立了江井之嶋酒造，並且在清酒釀造廠完工後，隨即開始生產「神鷹清酒」。

1890 年，橫濱大飯店裡的正統酒吧「Bamboo」正式開張。

◉走上正統威士忌製造之路

1899 年，不平等條約修正以來，由於進口酒類的關稅極重，使得國產洋酒陸續搭上西化的風潮，隨著需求增加，產量也跟著逐步增加。當時簡稱攝津酒造的攝津酒精蒸餾所，就曾委託國內業者（如小西儀助商店、壽屋）生產合成的瓶裝威士忌。由於當時攝津酒造的阿部社長，對日英兩國的政治、經濟、軍事涉獵頗深，他認為一旦日本人接觸到真正的威士忌，這些合成的山寨威士忌也終將走入歷史，於是，他選擇派人前往蘇格蘭，學習如何釀造正統的蘇格蘭威士忌。

1900 年，由於當時的酒稅收入占比高達國家租稅的三成，因此面臨財政困難的明治政府禁止自家釀酒。同年，惠比壽啤酒館在新橋開張。

1902 年，訂定日英同盟，當年日本進口了 19 萬 5,840 公升的威士忌，當時的酒稅法也成為日後生產威士忌的一大障礙。

1909 年，岩井喜一郎（生於 1883 年）以大阪工業高等學校釀造科第一期學生的身分，前往宇治火藥製造廠擔任陸軍技師，確立了日

本式的酒精製造方法。日後，他進入攝津酒精蒸餾所（攝津酒造），開發能初餾達 95% 酒精濃度的連續蒸餾器。

1911 年，當時的攝津酒造雖然名義上屬於資本家阿部喜兵衛個人所擁有的公司，實際上卻接受許多公司的威士忌生產委託。1914 年，第一次世界大戰爆發，攝津酒造更是受惠於大量的軍需，生意蒸蒸日上。

1916 年，竹鶴政孝雖尚未從大阪高等工業學校畢業，但已進入攝津酒造。當時體格強健的竹鶴在徵兵檢查列為甲等體格，但是由於從事有益軍事活動的酒精製造，還特別獲得降級為乙等，以免除兵役，繼續在攝津酒造擔任技師。攝津酒造也為了開始釀造真正的威士忌，選擇這位志向和能力都很高遠的年輕人——竹鶴政孝，前往蘇格蘭留學。

1918 年，正值第一次世界大戰如火如荼之際，竹鶴政孝經由太平洋航線前往蘇格蘭，開始這條學習蘇格蘭威士忌釀造的艱辛之旅。從神戶出發約二十天的航程後，他首先抵達加州的沙加緬度，他在那兒待了一個月，參觀了生產葡萄酒的酒廠。由於一戰期間前往英國的簽證相當不易取得，因此他又在紐約滯留了一個月，最後終於在離開神戶的五個月後，才獲得所需的簽證，動身前往英國利物浦。竹鶴在這段期間習得了近乎完美的英文，並以大阪工業高中的畢業資格，獲得外國人旁聽生的資格進入蘇格蘭格拉斯哥大學。受到指導教授威廉的影響，竹鶴不只熟讀了 J.A. 尼特爾頓（J. A. Nettleton）所著的《威士忌暨酒精製造法》（The Manufacture of Whisky and Plain

照片為日本威士忌之父竹鶴政孝，攝於 1918 年
赴英之前。當年他乘著東洋汽船的天洋丸號，從
神戶前往舊金山，在加州參觀釀葡萄酒的酒廠現
況後啟程前往利物浦，抵達蘇格蘭的格拉斯哥時
已過了半年，為同年 12 月。

受在格拉斯哥大學習醫的艾拉（麗塔的妹妹）邀
請參加家庭聚會的竹鶴，結識了人生伴侶麗塔
（此為暱稱，本名為 Jessie Roberta Cowan），
兩人於 1920 年結婚。

Spirit），還親自前往尼爾頓所住的埃爾金求教，不料因為無法負擔高額學費而斷念。離開埃爾金的竹鶴於是前往書上提及的朗摩蒸餾廠拜訪，並提出希望能在該廠實習，這才學到了關於粉碎麥芽、糖化、發酵、蒸餾、儲藏等一系列的威士忌釀造過程。由於當時歐洲正處於一戰期間，因此日後才返回的朗摩蒸餾廠廠長當時並沒有見到竹鶴，而是日後才從父親的口中聽到：「你不在的時候廠裡來了個小日本」。這種種族歧視至今在英國仍然根深蒂固，不難想見當年竹鶴的艱難處境。

1918 年 7 月，竹鶴前往愛丁堡郊外的穀物威士忌酒廠實習，竹鶴就是在此時因教授柔道而結識了未來的妻子麗塔，相關的故事在日本 NHK 晨間連續劇《阿政》中有詳盡描述。

1919 年，江井之嶋酒造取得製造威士忌的相關許可。

1920 年 6 月 20 日，年滿二十五歲的竹鶴

已經在蘇格蘭生產知名「白馬威士忌」（White Horse）的 Mackie 公司旗下赫佐本蒸餾廠，學到了釀造威士忌過程的一切。據說當時他的求知慾很強，儘管英文還帶著口音，卻經常在工作以外的時間很熱心地和廠長請益。同年，竹鶴在蘇格蘭學到正統威士忌釀造，並在妻子麗塔的陪伴下返日。和連續劇《阿政》不同的是，麗塔並沒有惡婆婆，而是一開始就與婆婆相處得非常融洽。當時儘管竹鶴提出了一份關於威士忌釀造的詳盡筆記給上司岩井喜一郎，但是由於戰後的日本經濟不振，攝津酒造釀造正統威士忌的構想因為資金困難而胎死腹中。

1922 年，日本的社會瀰漫恐慌。竹鶴認為在攝津酒造已經沒有任何釀造威士忌的可能，因此只好離職。同年，壽屋的鳥井信治郎在「赤玉波特酒」為首的暢銷商品之後，又推出了多款暢銷酒款。

1923 年，竹鶴在鳥井信治郎的邀約下，決定加入壽屋參與正統威士忌的生產，他在日本總理大臣年薪只有 1,000 日圓的當時，領的卻是年薪 4,000 日圓的高薪。

1923 年 9 月 1 日，關東大地震。

由於當時赤玉波特酒的銷售以大阪為主，因此鳥井為了拓廣全國銷售，也打算進軍東京。大阪山崎曾是千利休茶室坐落之地，具有優良水質，鳥井因此選擇此地做為威士忌蒸餾廠的地點。從購買土地、自蘇格蘭進口麥芽過濾器和磨碎器、從美國進口發酵槽，加上委託國內業者製造各種器械，特別是委託大阪渡邊銅鐵工廠生產仿效朗摩蒸餾廠的罐式蒸餾器（直徑 3.4 公尺，高 5.1 公尺，重達 2 噸），

手持酒杯的壽屋創辦人鳥井信治郎，與站在一旁的佐治敬三銅像，共同迎接山崎蒸餾廠的訪客。

昭和十四年（1939年），自五號酒倉望向麥芽乾燥室。聳立著麥芽窯的蘆屋山崎蒸餾廠。

一捆捆堆積在原料倉庫內的 Golden Melon 品種大麥，即將送往發芽室進行發芽工序。

在斥資 200 萬日圓的鉅額後，山崎蒸餾廠終於落成。

1924 年，東京釀造創立。

1925 年，竹鶴政孝為了確認蒸餾器的尺寸再訪蘇格蘭。

1928 年，壽屋買下了日英釀造的啤酒廠，竹鶴政孝因此在山崎生產威士忌之餘，也兼任橫濱啤酒廠廠長。

1929 年，日本國產第一款正統威士忌「白札」問世。由於當時暢銷的「赤玉」象徵太陽，英文是 Sun，加上鳥井的發音是 Tory，合併之後便是「Suntory」（三得利），鳥井就以「三得利威士忌白札」命名。當時還有這樣的宣傳海報文案：「醒醒吧，諸君！迷信進口的時代已經過去，國產至高美酒，就在三得利威士忌」。

當時投下 200 萬日圓巨資興建的山崎蒸餾廠，位於京都盆地和大阪平原之間，為天王山環繞的日本第一所正統威士忌蒸餾廠。

桂川、宇治川與木津川匯流成定川,熟成酒庫特別選擇設在這個適合儲酒的多霧環境。

第一款正統威士忌的「三得利威士忌白札」，
上市後卻因為帶有「燻烤」、「煙燻」等日本
人還不習慣的風味而廣為詬病，銷售也嘗到敗
績。之後陸續推出的「赤札」與「特角」也都
不成功。

不過，隔年推出的「赤札」、「特角」卻
因為日本人還不習慣的泥煤煙燻風味而廣為詬
病，同年，日本調酒師協會在銀座設立。

1931年，爆發滿州事變。

1934年，四十歲的竹鶴離開壽屋，尋找
和蘇格蘭相近的寒冷大地、良質水源和泥煤溼
地，希望一圓長久以來的自立蒸餾廠的夢想。

終於，竹鶴在北海道余市找到了符合條
件的 3,690 坪土地，決心建設理想中的酒廠。
同時，他也決定在等待威士忌熟成的過程生產
蘋果汁做為收入來源，並且將品質較差的混濁
蘋果汁經蒸餾後製成白蘭地，創建以大日本果
汁株式會社（Nikka 的前身）為名的公司，資
本是當初壽屋用來建設山崎蒸餾廠的二十分之
一，僅 10 萬日圓。廠中使用以燃煤直接加熱
的罐式蒸餾器，儲酒堆疊則比傳統蘇格蘭鋪地
式（dunnage）稍低，只疊架兩層木桶，同時
為了讓當地涼爽風土對酒質有更顯著的影響，
也特別維持原有的泥土地而不用水泥。現在的
余市和宮城峽酒倉，仍沿用了當時保留下來的
傳統。

1935年，大日本果汁株式會社為了在全
國推廣威士忌，而在東京日本橋區設置東京營
業所。

1936年，青年軍官發起的二二六政變失
敗，社會氣氛充滿動盪不安。

1937年，中日戰爭爆發，日德義三國締
結協約，同年，壽屋推出經 12 年熟成的「角
瓶」威士忌大獲好評。

1938年，在修正酒類稅的同時，也引進
了酒類販賣許可制。壽屋當時在大阪梅田，還

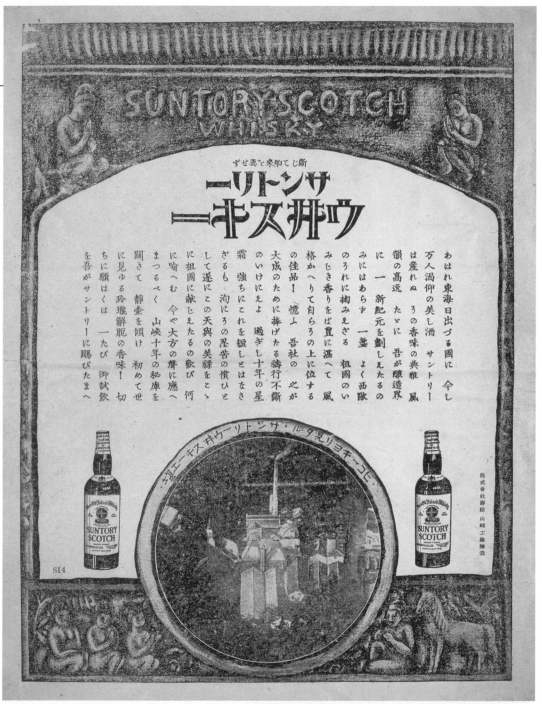

昭和四年（1929 年），「白札」上市後首次刊載於報紙上的廣告。
當時的廣告內容企圖傳達出威士忌往後將漸受世人接納與喜愛。

開設了直營的「三得利酒吧」以推廣三得利威
士忌。

　　1940 年，竹鶴終於推出了「Nikka 威士
忌」，此外，由於除了指定為一級品牌，還被
指定為海軍監督工廠，因此免除了原料不足等
問題。

　　1941 年 12 月 8 日，日本海軍攻擊珍珠
灣，開啟了太平洋戰爭。

　　1943 年，酒稅法修正，隸屬於雜酒的洋
酒被分為四級徵稅。

　　1944 年，山崎蒸餾廠派指為陸軍監督工
廠，才得以持續獲得原料大麥的供給。

　　1944 年，酒稅法修正與出庫稅二合為

昭和七年（1932 年）的報紙廣告。
文案為片岡敏郎發想。

在私釀燒酎和甲醇加水調和的私釀酒橫行的時
代背景下，昭和二十一年四月推出的「Tory's 調
和威士忌」，因象徵洋酒時代揭開序幕而名留
青史。

1956 年 6 月 14 日上市的「特級黑 Nikka」，當時的價格是 720 毫升 1,500 日圓，因為方正的酒瓶設計而稱為「黑角」，廣受歡迎。

一，酒類製造受到全面監管。

1945 年，廣島長崎遭核彈襲擊。日本接受波茨坦宣言，終結太平洋戰爭。戰敗後由於通貨膨脹和食品短缺皆相當嚴重，政府甚至命令酒類生產者須交出製酒原料。當時各種私釀燒酎和甲醇加水調和的危險私釀酒橫行，就算不含一滴真酒，只要上繳稅金就都能以三級威士忌的名義販售。

真正的威士忌則是在百貨公司販售的高級禮品，儘管一瓶的價格幾乎已經等同於一袋米，但仍舊長時間處於「做愈多賠愈多」的狀態。然而，長遠來看，日本人對洋食的偏好確實持續增加，享受威士忌的日常文化也在持續滲透。

1945 年 10 月，未受戰亂影響的山崎蒸餾廠成功將原酒賣到當時聯合國最高司令部，「特級黑 Nikka」（Rare Old Black Nikka）與「藍帶」（Blue Ribbon）都大受好評。同樣未受戰火摧殘的余市，也因為駐軍的大量消費，當時的威士忌才得以在經濟不振下存活。

1946 年，由於鳥井信治郎「希望讓大家嘗到盡可能接近正統威士忌的風味」，推出以原酒調配出的「Tory's 威士忌」。

1948 年，酒稅法修正，將威士忌分為特級、一級、二級進行徵稅，在物資極度缺乏的年代，市面販售的威士忌九成都是原酒含量僅有 0 至 5% 的二級酒。

1949 年，大日本果汁株式會社大股東的加賀家族將持有股份賣給朝日啤酒的社長山本為三郎，大日本果汁株式會社因此實質上納入了朝日啤酒旗下。

1969 年 12 月出現在札幌最熱鬧的薄野十字路口的巨大「黑 Nikka」霓虹塔。

1950 年，朝鮮戰爭讓日本國民所得恢復到戰前水準，酒類公定價格制也遭廢止，種種專賣制度的取消使得酒類再度進入自由競爭的時代。

當時東京池袋首度出現了「Tory's」酒吧，以每杯 50 日圓的價格提供威士忌調酒，最終，全國出現了三萬五千家類似的站立式酒吧，「Tory's」威士忌也成為引領日本境內第一波洋酒風潮的主角。

當然，Nikka 等品牌也正積極拓展酒吧市場。柳原良平筆下描繪的「Tory's 叔叔」成為威士忌愛好者的代表，在電視、報紙、雜誌等各種廣告廣受歡迎。透過「Tory's」接觸威士忌的日本人，也隨著所得的增加將觸角伸往更高價的三得利威士忌，壽屋也因此在日後推出了超長銷的「三得利我的」（Suntory Old）。

架設在薄野大樓三至六樓的巨大廣告（長 15 m × 寬 7.5 m），設計者也是 Nikka 的愛好者。

1951 年，Nikka 品牌推出「特調威士忌」（角瓶）。

1952 年，大日本果汁株式會社因為余市農會也開始涉足果汁生產，繼而停止了自家果汁事業，並將公司更名為「Nikka Whisky」，並且在現在的東京六本木之丘、麻布一帶建設工廠。

1953 年，開始實施新酒稅法。

1955 年，東京釀造破產，它曾以秋田的泥煤釀造免稅特級威士忌「Tomy's Malt」專供駐軍。同年，Nikka 推出一瓶 2,000 日圓的「Gold Nikka」。由宮崎光太郎創設的大黑葡萄酒株式會社則以「Ocean」為品牌，以淺間山的地下水和周圍利於熟成的環境為賣點設立了輕井澤蒸餾廠，推出傳說中的麥芽威士忌。

第三代看板則在 2002 年耗費 3,000 萬日圓進行改裝，蓄鬍的國王圖樣依然相當醒目。

昭和二十五年發售的壽屋時代「三得利我的」，因為不倒翁瓶型廣受歡迎，在市場上占有絕大優勢，也催生了許多如山口瞳所發想的文案等氣氛輕鬆愉快的廣告。

1956 年，日本經濟白皮書明載：「脫離戰後時代」。壽屋宣傳部門發行了「Tory's」酒吧店家專賣的雜誌《洋酒天國》，以開高健為發行人，同時網羅了柳原良平與板根進、杉本直也、酒井睦雄等二十多歲的編輯群，希望做出擁有《紐約客》的幽默感、《君子》的品味與《花花公子》的性感。

緊咬大型出版社盲點的編輯方向，讓這本有「深夜版岩波文庫」之稱的雜誌大受歡迎，初版就印了兩萬份，全盛時期甚至有高達二十七萬份的印量。

1956 年，Nikka 推 出 一 瓶 1,500 日圓的「黑 Nikka」。

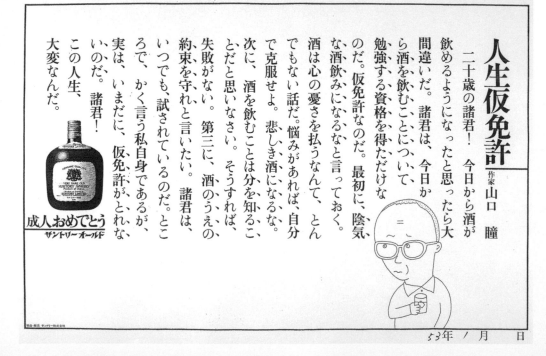

人生仮免許 　作家 山口　瞳

二十歳の諸君！　今日から酒が飲めるようになったと思ったら大間違いだ。諸君は、今日から酒を飲むことについて勉強する資格を得ただけなのだ。仮免許なのだ。最初に、陰気な酒飲みになるなと言っておく。酒は心の憂さを払うなんて、とんでもない話だ。悩みがあれば、自分で克服せよ。悲しき酒になるな。

次に、酒を飲むことは分を知ることだと思いなさい。そうすれば、失敗がない。第三に、酒のうえの約束を守れと言いたい。諸君は、いつでも、試されているのだ。とこ

ろで、かく言う私自身であるが、実は、いまだに、仮免許がとれないのだ。諸君！この人生、大変なんだ。

成人おめでとう
サントリーオールド

53年／月　日

1957 年，蘇聯發射史上第一顆人造衛星，揭開太空時代序幕。

1958 年，酒稅法修正，調降二級酒稅。

1959 年，Nikka Whisky 在兵庫縣西宮市設置關西生產據點。

1960 年，攝津酒造岩井喜一郎的女婿本坊藏吉，以鹿島縣本坊酒造主人的身分，開始嘗試釀產燒酎、琴酒、伏特加、葡萄酒與威士忌等，為了生產正統的威士忌，同時希望借助岩井喜一郎的經驗和知識。岩井參照當時部下竹鶴的筆記，設計了蒸餾器與蒸餾室等，立下今日 Mars Whisky 的基礎。

1962 年，Nikka 推出了特級的「Super Nikka」。

1963 年，壽屋更名為三得利，第一號產品也更名為「三得利威士忌白札」。同年，Nikka 在西宮設置穀物威士忌蒸餾廠，以提供調和威士忌更多元的原料。

1964 年，東海道新幹線開通。

1965 年，Nikka 推出了一級調和穀物威士忌「New Black Nikka」。這款酒也為高度成長期的千元威士忌大戰揭開序幕。

1967 年，Nikka 在千葉縣柏市建設了第六座工廠，占地 40,000 平方公尺，一共斥資了 15 億 5,000 萬日圓，如今仍作為研究室和裝瓶工廠持續利用。

1968 年，Nikka 在宮城縣宮城町作並戶崎取得 37 萬平方公尺的土地，開始建設仙台宮城峽蒸餾廠。目前則主要進行糖化、發酵、蒸餾、儲藏、調和等工序，並吸引了許多參觀者到訪。

昭和十二年發售的龜殼型酒瓶裡裝著經 12 年熟成的威士忌，這款日本製酒款的酒標上，還同時標記了東京和大阪兩地的總公司。

位於富士御殿場蒸餾廠酒廠之旅入口
的這幅圖，繪有酒中複雜的香氣。

　　1969 年，美國阿波羅計畫讓人類首度成
功登上月球，東名高速公路開通，日本進入私
家車時代，彩色電視、電冰箱、洗衣機開始進
入許多家庭。

　　日本威士忌開始銷往海外。

　　1970 年，三得利開啟「筷子戰略」，將
威士忌推向壽司店、料亭、居酒屋等通路銷
售。針對狹小店面推出不占空間的 50 毫升小
瓶裝，並提倡日本獨有的「水割文化」，推廣
加水飲用。威士忌因此更進一步滲透到日料通
路和一般家庭，「我的」酒款更讓威士忌變得
能和日本料理搭配，新的飲食文化變革甚至催

生了日後在店家寄酒的文化。

　　1971 年，洋酒完全自由化。

　　1972 年，竹鶴終於實現畢生心願，使用
Nikka 宮城峽蒸餾廠熟成原酒完成了調和威士
忌「北境」（Northland）。麒麟啤酒、施格蘭
（Seagram）與起瓦士兄弟（Chivas Brothers）
合併為麒麟施格蘭，立志釀造現代美國風格
威士忌。消費者對威士忌的消費趨勢也愈趨高
級，特級酒款的銷量開始超越二級。

　　1973 年，麒麟施格蘭的御殿場蒸餾廠落
成啟用，由於當時爆發第一次石油危機，物價
急漲，囤積物資成為社會現象，威士忌銷售也

一飛衝天，但也因原料價格飆漲使得酒款一度稀缺。

1974 年，麒麟施格蘭推出「棕羅伯特」（Robert Brown），由於當時蒸餾廠在前一年才竣成，因此原酒應該是來自起瓦士。

1975 年，為了追趕三得利的酒款「我的」，Nikka 也推出「Nikka G&G」，還重金請來奧森·威爾斯（Orson Welles）拍攝廣告，儘管名人加持引起了話題，卻仍然無法在銷售上勝出。

1976 年，竹鶴的最後作品，頂級調和威士忌「鶴」問世。

1978 年，Nikka 完成了栃木的穀物威士忌工廠，並且導入機器和電腦系統，大幅減省了人力。

1979 年，Nikka 創始者及日本威士忌之父——竹鶴政孝八十五年的生涯畫上終點，和妻子麗塔同葬在能望見北海道余市蒸餾廠的高地。同年，麒麟施格蘭推出國產威士忌「Emblem」，白州蒸餾廠在廠內設立日本首座威士忌博物館。

1981 年，麒麟施格蘭推出國產威士忌「Crescent」。

1983 年，Nikka 推出「Mild Nikka」、「單

曾經產出以雪莉桶陳年名品的輕井澤蒸餾廠，如今已蔓草叢生，很遺憾將面臨關廠命運。

一麥芽北海道」。麒麟施格蘭推出國產威士忌「News」。

1984年，江井之嶋酒造在神戶明石建設的新蒸餾廠完工，並從英國進口原料大麥麥芽，經過糖化、發酵與蒸餾後，再經三年木桶培養成原酒。

1984年，山崎推出了三種以原酒調和而成的「山崎純麥威士忌」。

1985年，Mars信州蒸餾廠在中央山脈的長野縣上伊那郡宮田村完工，蒸餾設備也自山梨轉移至此。

同年，隨著Nikka推出以麥芽和穀物威士忌調和的酒精濃度51%的酒款「來自原桶」（From The Barrel），國產威士忌也正式進入個性化的時代。

1986年，麒麟施格蘭推出「波士頓俱樂部」（Boston Club）。

1989年，日本年號從昭和進入平成，中國發生天安門事件，德國柏林圍牆倒塌，冷戰終結。

Nikka買下了蘇格蘭的班尼富（Ben Nevis）蒸餾廠，為了讓稅制能與國際腳步同行，酒稅法也修定成以酒精濃度作為課稅標準。過去高價威士忌的售價向下修正，而從前

本坊酒造Mars信州蒸餾廠的第一代蒸餾器，由岩井喜一郎設計，標高798公尺，是日本地點最高的蒸餾器。

的廉價威士忌反而價格變高，連帶影響了威士忌消費量，相較前一年下修了 12％，同年還增加了 3％的消費稅。

三得利為紀念創業九十週年而推出調和威士忌的極致作品「響」，充分展現不同於其他調和威士忌的層次。

麒麟施格蘭推出「十間蒸餾」（Ten Distilleries）。

1992 年，威士忌需求持續低迷。

本坊酒造的 Mars 威士忌開始停工，直到 2011 年。

1993 年，酒稅法再度修正，各廠開始推出罐裝的水割威士忌調酒。麒麟推出「富士御殿場蒸餾廠純麥威士忌」。

1994 年，麒麟推出「極純棕羅伯特」（Robert Brown Super Clean）。

1996 年，Nikka 推出「單一麥芽余市 10 年」，Mars 推出「越百駒岳 10 年」。

日本的蒸餾酒酒稅差被 WTO 世貿組織舉發違反 GATT 的相關關稅協議。

1997 年，「純淨黑 Nikka」（Black Clear）上市，五年銷量達三百八十二萬箱。

2000 年，Nikka 推出以創辦者為名的純麥威士忌「竹鶴」。

因晨間連續劇《阿政》爆紅而推出的「竹鶴 17 年」、「竹鶴 21 年」，因為供給趕不上需求，成為難以取得的珍稀酒款，只能把握每次相遇的機會。

初創威士忌所推出少量生產且標有酒桶號碼的單一桶裝瓶「Ichiro's Malt "CARD"」酒款，以整套撲克牌為設計概念，這些經雪莉桶培養的酒精濃度 56 ～ 60% 的人氣酒款，應可於日後轉賣時拍賣出高價。

2001 年，麒麟啤酒和麒麟施格蘭的營運部門合併，隔年公司更名為麒麟蒸餾株式會社（Kirin Distillery）。

2004 年，售價達 7 萬日圓的「The Nikka Whisky 純麥 35 年」上市。「The Fuji-Gotemba」上市。

2005 年，麒麟富士御殿場蒸餾廠推出「富士山麓桶陳 50%」、「麒麟威士忌富士山麓單一麥芽 18 年」。

2006 年，美露香株式會社（Mercian）開始與麒麟有了業務合作，2010 年更成為麒麟旗下子公司。

2007 年，肥土伊知郎率領的初創威士忌旗下秩父蒸餾廠完竣，可謂日本第一座精釀蒸餾廠。

2009 年，明治時代以來人口持續增加的日本，達一億兩千七百萬的人口高峰。

2010 年，本坊酒造推出了冠上岩井喜一郎之名的調和威士忌「岩井傳統」（Iwai Tradition）。同年，麒麟關閉輕井澤蒸餾廠，如今成了當地人都難以發現的廢墟（參見第 43 頁照片）。

2011 年，Mars 信州蒸餾廠因威士忌的銷售告捷，在時隔十九年後重啟蒸餾。

2012 年，Nikka 在宮城縣推出區域限定版酒款「伊達」，將伊達政宗有名的弦月型盔甲圖案融入酒標設計。

2013 年，英國最大的飲料公司買下輕井澤蒸餾廠停廠後的庫存原酒，並推出四十一瓶經 52 年熟成的單一麥芽酒款「輕井澤 1960 年」，以一瓶 200 萬日圓的超高價引發話題。

2014 年，NHK 在 Nikka 創業八十週年之際，推出以創辦者竹鶴政孝和妻子麗塔的故事為藍本的原創劇作《阿政》。

江井之嶋酒造旗下白橡木品牌的「明石」是該廠少量生產的單一麥芽威士忌，酒標的日文標示在海外也頗受歡迎，或許是因為讓人備感異國情調。

由玉山鐵二飾演的主角龜山政春，與由夏綠蒂·凱特·福斯（Charlotte Kate Fox）飾演的麗塔，創下平均 21.1 的高收視率，前往北海道余市蒸餾廠的參觀人數，也從 2013 年的二十五萬人，成長到 2014 年的四十五萬人，並在 2016 年達到九十萬人的盛況。晨間連續劇的影響力可見一斑。當然，威士忌的銷售也有巨幅成長，「17 年」、「25 年」等經長期熟成的酒款，甚至直接從市場消失。儘管很可惜劇本雖忠於川又一英的原著「大鬍子威士忌的誕生」（ヒゲのウヰスキー誕生す）進行製作，卻為了迎合以主婦為主的觀眾群，省略了男主角於蘇格蘭的學習過程而在婆媳問題著墨過多。另外，由中島美雪演唱的主題曲「麥之歌」也很受好評。

此外，「The Revival 2011 Single Malt 駒岳」也在當年上市。

日本的消費稅也從 5% 進入 8% 的時代。

2016 年，「麒麟富士山麓樽熟原酒 50%」與「橡木大師樽薰」（Oak Master Taru Kaoru）上市。

威士忌再度迎來廣大流行，國產和進口威士忌都因為產量稀缺而大幅漲價，全球性的威士忌需求增加，加上日圓貶值，使得進口的單一麥芽威士忌價格高漲。

木內酒造與額田釀造所在廠內設置蒸餾設備，開始實驗性地進行蒸餾。

Gaiaflow 靜岡蒸餾廠，以輕井澤蒸餾廠的設備搭配新型的 Forsyths 製罐式蒸餾器，希望釀出獨特的威士忌。

此外，北海道堅展實業的厚岸蒸餾廠等各家新興的小型精釀蒸餾廠，也都陸續開始蒸餾。希望產出大型蒸餾廠難以達成的各種小規模多樣化原酒。

從仿效蘇格蘭威士忌開始的日本威士忌釀造，在戮力滿足日本人口味之下，如今已能產出國際廣受好評的各種風味豐富的威士忌。在最受全球威士忌愛好者喜愛的單一麥芽威士忌的領域，日本也是僅次於蘇格蘭的全球第二大產國。

日本威士忌的榮耀，也從「余市 20 年」在 2008 年獲得《Whisky Magazine》的全球最佳單一麥芽威士忌（World Best Single Malt Whisky）、三得利的「響」獲得全球最佳調和威士忌（World Best Blended Whisky）開始。在這幾次讓正統的蘇格蘭威士忌業界大受打擊的事件之後，日本威士忌蒸餾廠出品的酒款持續在全球囊括各種獎項。當然，眾所周知，日本威士忌業界仍然是以三得利和 Nikka 為最大宗，因此眾人對小型精釀蒸餾廠的酒款，也滿懷期待。希望未來小型精釀蒸餾廠能帶來更多展現日本蒸餾廠特色的酒款，讓全球的威士忌酒迷繼續驚豔。

日本威士忌是什麼？

遍歷各式各樣好喝與不好喝之前

撰文：和智英樹

近年來，日本威士忌蔚為風尚，我個人對日本製威士忌被稱為「日本威士忌」雖然沒有任何異議，但從未認真思考過這到底代表什麼東西。威士忌本來就是外來產物，日本開始認真製造的時間，也不過是戰後才有的事。使用的原料和製法也幾乎都是源自蘇格蘭，但仍舊被稱為所謂的「日本威士忌」。

我和本書的共同作者高橋都認為，酒代表了一個民族的文化，也是該民族的智慧結晶。以日本人來說，在釀造酒方面有「日本酒」，蒸餾酒方面也有「燒酎」，這是日本獨有的酒類文化。因此，在源自蘇格蘭的威士忌中出現了「日本威士忌」的類別，放諸全球酒類文化當中，都是非常罕見稀有的現象。首先，且容我為大家整理一下全球威士忌分類，再來看看日本威士忌的現況，以及其在全球威士忌領域的位置。

五大產地

如今廣為人知的威士忌分類，可以簡單分為蘇格蘭、愛爾蘭、美國（波本）、加拿大及日本等五大產地。其中又以蘇格蘭威士忌，有必要在一開始就進行說明。因為事實上各種蘇格蘭威士忌相關的用語，將會是接下來說明任一種威士忌時都須事先理解的基礎，在如今全球的威士忌語彙中，也儼然成了標準用語。

蘇格蘭

蘇格蘭威士忌源自愛爾蘭的蒸餾酒（烈酒），接著獨自演化而成。蘇格蘭威士忌擁有三百年以上的歷史，每當人們談到威士忌，幾乎都會想到蘇格蘭。蘇格蘭威士忌又可大略分為麥芽與調和威士忌兩種。兩者的原料大麥皆經過發芽、泥煤烘燻的乾燥工序，多少含有煙燻感，因此也有不少人將這種泥煤風味視為蘇格蘭威士忌的象徵。

麥芽威士忌僅以大麥麥芽為原料製成，混調了穀類（玉米、裸麥等）原酒的則稱為調和威士忌。日本在戰後高度經濟成長時期所說的蘇格蘭威士忌，通常指的是「皇家起瓦士」（Chivas Regal）、「約翰走路」（Johnnie Walker）、「老帕爾」（Old Parr）等高級的調和威士忌。

但是近年，引領風騷的卻是麥芽

威士忌中，由單一蒸餾廠原酒裝瓶的單一麥芽威士忌。一般的麥芽威士忌，分成僅由單一家蒸餾廠製造的麥芽原酒裝瓶而成的單一麥芽，以及以複數蒸餾廠所產原酒調配而成的麥芽威士忌。儘管近年的流行趨勢是單一麥芽威士忌，但是現存超過百家的蒸餾廠，實際上卻集中分布於蘇格蘭的特定區域。因此，這些出自不同蒸餾廠的原酒，也會帶有各地區的獨特風味特色，並因此按產地分類。例如以斯貝塞區、高地、低地、艾雷島、奧克尼群島、其他島嶼等名稱來區隔。如果僅以「蘇格蘭威士忌」就想囊括這些位於不同區域代表酒廠的各異風格，難免失之偏頗。

除此之外，同時相映成輝的，則是更多難以盡數的不同品牌調和威士忌。長年以來，所謂的「蘇格蘭威士忌」指的正是這些數量龐大的調和威士忌，而

此種極度概括、幾乎把「蘇格蘭威士忌」僅視為一種品牌的說法，也讓調和威士忌幾乎成了蘇格蘭威士忌的代名詞。

另一方面，並非所有產自蘇格蘭的威士忌就能被稱為蘇格蘭威士忌。能稱為蘇格蘭威士忌的必須符合蘇格蘭政府所制定出的種種關於品質的嚴格規範，包括在蘇格蘭境內蒸餾廠進行糖化、發酵、蒸餾，並在境內酒倉於木桶經過至少三年的熟成，不含水和原料以外的添加物，酒精濃度必須在40％以上。至少三年的熟成，則是需要牢記的關鍵。

愛爾蘭

愛爾蘭威士忌是誕生於威士忌故鄉愛爾蘭的威士忌。然而，在如今現存的愛爾蘭威士忌當中，反而幾乎已經很難找到完全依循創始風格的傳統愛爾蘭式

威士忌，更多的反而是按蘇格蘭傳來的作法而生產的威士忌。

　　愛爾蘭和蘇格蘭威士忌風格的微妙差異，主要來自愛爾蘭威士忌香氣更深厚且口感更輕快，此特殊風格也讓愛爾蘭威士忌保有一席之地。

　　愛爾蘭威士忌也約可以分為三種，愛爾蘭獨有的「純罐式蒸餾威士忌」，以及和蘇格蘭幾乎相同的麥芽與調和威士忌。

　　其中，最具代表性也最特殊的要屬「純罐式蒸餾威士忌」。這是以未發芽的大麥麥芽、大麥麥芽，再加上燕麥共三種，經糖化發酵後再經三次蒸餾。三次蒸餾其實是屬於愛爾蘭的傳統蒸餾方式，隨著威士忌傳到蘇格蘭後，才陸續演變為現今大家熟知的二次蒸餾，三次蒸餾反而成為極少數的特例。傳統愛爾蘭式三次蒸餾會在二次蒸餾中間，多加一次「中餾」，製出酒精濃度約86%的原酒，比酒精濃度約為70～75%的傳統蘇格蘭威士忌更高，風味也更純淨、更少雜味。此外，由於原料含有未發芽的大麥和燕麥，也不像蘇格蘭會經過以泥煤乾燥麥芽的工序，因此更能直接展現穀物本身的香氣和口感，儘管風味屬於少雜味的輕盈，卻能同時展現穀物原本獨有的深刻風味。

　　至於愛爾蘭麥芽威士忌則多半同蘇格蘭僅以大麥麥芽為原料，經二次蒸餾。採三次蒸餾佔極少數。

　　現今愛爾蘭威士忌的主力，是以

「純罐式蒸餾威士忌」混和其他穀物威士忌而成的調和威士忌，由於調和的基礎不同，真正恪守傳統的愛爾蘭調和威士忌，其風味相較於前述以裸麥、玉米等原料的原酒調製的蘇格蘭調和威士忌，能有更深厚的香氣口感。不過，為了出口到美國市場而將風味特意調整成更接近蘇格蘭調和威士忌的酒款，也不在少數。

　　至於法規方面，愛爾蘭也如同蘇格蘭立有嚴格規範，簡而言之，必須以產自愛爾蘭或北愛爾蘭（即便同在愛爾蘭島上，但卻不屬於愛爾蘭共和國，而是隸屬於大英國協的部分）的糖化液，在境內蒸餾至酒精濃度94.8%，並在境內的酒倉內以木桶（並未明記必須是橡木）熟成至少三年。

由於在美國實施禁酒令的時代，曾經大量引進加拿大私酒，在時代的變遷下，如今愛爾蘭現存仍在運作的只有「米爾頓蒸餾廠」（Midleton）、「庫利蒸餾廠」（Cooley）以及北愛爾蘭的「布希米爾蒸餾廠」（Bushmills）共三家，合計產出二十種以上的威士忌酒款。

美國

提到美國威士忌，當然就是「波本」。波本是肯塔基州的地名，在二十世紀禁酒令實施之前，曾經是蒸餾廠林立的的威士忌生產重鎮，孰料今日的波本郡已經名存實亡地連一家蒸餾廠都不復存在，因此，按法規限制，如今的波本威士忌應該泛指所有在美國國內生產的威士忌。

美國的聯邦法規對於波本威士忌也有嚴格的規範，必須以玉米、裸麥、小麥等穀類為原料，經粉碎、糖化，糖化液中玉米的含量必須占 51％以上且不超過 80％；若是裸麥占比超過 51％則須稱為裸麥威士忌；若玉米含量超過 80％則稱為玉米威士忌。接下來還須完成發酵、蒸餾等工序。

由此可見，除了原料之外，作法大致和蘇格蘭麥芽威士忌相同，但使用的蒸餾器與蘇格蘭的罐式蒸餾器不同，而是和蘇格蘭製穀物威士忌一樣，多數蒸餾廠都採用能連續蒸餾的柱式蒸餾器。這款由愛爾蘭蒸餾師艾尼斯·柯菲（Aeneas Coffey）發明的柱式蒸餾器，自 1930 年代起，在蘇格蘭和愛爾蘭廣泛用於穀物威士忌蒸餾，因為可以一批次地高效蒸餾出大量的高純度酒精，也開始運用到波本威士忌。

蒸餾出的新酒會再加水稀釋至酒精濃度 62.5％，然後置於內部經燻烤的木桶內熟成，木桶須為容量約 180 公升

的橡木製成。法規亦限制木桶內部須經燻烤，酒款也會因不同的燻烤程度帶來不同程度的香氣口感。此外，波本也必須使用全新木桶，只有符合規範的才能稱為「肯塔基純波本威士忌」（Kentucky Straight Bourbon），如果二次填充桶的用量超過整批次的兩成，就只能稱為「肯塔基威士忌」（Kentucky Whisky）。

桶陳的時間也有所限制，須至少在酒倉熟成兩年，雖然年數不比蘇格蘭威士忌，但如果將氣候條件也列入考量，經兩年熟成的波本其實約等於經四年以上熟成的蘇格蘭威士忌。因此，波本威士忌的舊木桶，絕大部分都會出口到蘇格蘭、加拿大或甚至日本，繼續用於當地威士忌的熟成。

加拿大

加拿大威士忌雖然知名度不比蘇格蘭或波本威士忌，但在歷史發展卻和美國威士忌相差無幾。加拿大的蒸餾產業主要因為盛產穀物而在十九世紀上半葉興盛，產品幾乎皆出口至美國，但由於當時出口的多為剛蒸餾完成的原酒，因此以今日的概念來看，當時出口的只能算是「半成品」。

今天的加拿大威士忌也一樣有法規限制，也擁有知名威士忌品牌，如「加拿大會所」（Canadian Club）、「皇冠威士忌」（Crown Royal）的知名品牌，

但由於風味較偏清爽淡雅，因此主要多用於威士忌調酒。

法規方面，主要限制必須在加拿大境內只以穀物為原料蒸餾，並在境內以容量不超過 180 公升的橡木桶熟成至少三年。但是在原料使用比例方面，還有更細瑣的名稱規範。

同樣以裸麥、玉米、大麥麥芽為主要原料的加拿大威士忌，也可任意使用其他穀物，如小麥；但是，只有在裸麥比例超過 51% 時，才能稱為「加拿大裸麥威士忌」（Canadian Rye Whisky）；若是稱為調和威士忌，則裸麥原酒占比不能超過 15%（相較於玉米原酒）。裸麥占比超過 51% 的加拿大裸麥威士忌，雖然與美國的裸麥威士忌在原料使用方面似乎沒什麼差別，但在製法方面有相當差異。

在蒸餾之前的原料混和階段，波本是將所有原料粉碎後混和，所有原料一起進行糖化，接著經過發酵與蒸餾等程序，直到產出酒精濃度約 80% 的新酒。

但是加拿大威士忌不會先混合原料，而是先單獨糖化裸麥，發酵後以柱式蒸餾器蒸餾；玉米則會先添加少量大麥麥芽，另外單獨（不混和裸麥）進行糖化、發酵、蒸餾等工序。於是，新酒分為裸麥和玉米，接著分別在不同木桶進行至少三年的熟成（就連桶陳使用的木桶條件也都不相同）；裸麥新酒通常會在經燻烤的全新木桶或波本舊桶，玉米新酒則只會使用波本舊桶。也就是

說，加拿大威士忌的最大特徵其實就是，原酒直到裝瓶之前都可以分成兩種不同的東西。

　　一般絕大多數的加拿大威士忌，指的都是玉米原酒占比超過 85 %、調配不到 15 % 的裸麥原酒而成的調和威士忌。在基礎玉米原酒添加裸麥原酒的作法，讓口感也因此較輕柔純淨。另一方面，加拿大也產有強調裸麥原酒風味的「加拿大裸麥威士忌」（Canadian Rye Whisky），因為在原料和工序方面皆有差異，並且更強調訴求不同的裸麥或調和風味，與美國的裸麥威士忌形成較大的差異。另外，加拿大威士忌也能透過添加少量香精或白蘭地、葡萄酒等方式生產調和威士忌，只要符合相關法規，便屬於加拿大威士忌的範疇。

日本

　　無論規模大小，日本的威士忌從原料、工序、機器、製法、熟成一連串的生產模式基本上都承襲了蘇格蘭威士忌的源流，這當然和當初 Nikka Whisky 創辦人竹鶴政孝前往蘇格蘭學習有極大關係。當年竹鶴在三得利（當時公司名稱仍為壽屋）創辦人鳥井信治郎授意下，於一九二四年設計完成了日本第一座威士忌蒸餾廠「山崎蒸餾廠」。然而他在山崎蒸餾廠的第一步，就是希望能重現蘇格蘭威士忌。連山崎蒸餾廠的設置地點，也是由鳥井信治郎依循「類似蘇格

蘭風土」的條件才精選出來。甚至，之後 Nikka 在選擇創業基地時也完全以蘇格蘭為藍本，這才選擇了氣候條件相似的北海道余市，也才順理成章地選擇以泥煤烘燻麥芽，產出了帶有泥煤風味的原酒。

　　對當時的竹鶴來說，泥煤風味為威士忌不可或缺的香氣口感基礎。因此，不難想像當時他認為威士忌就等於蘇格蘭威士忌，而蘇格蘭威士忌就等於重泥煤，當然很難接受無泥煤的威士忌風味。也正因為如此，當初 1929 年的第一款國產威士忌「白札」、隔年的「赤札」，甚至兩年後的「特角」，都沒能在市場上獲得成功。

　　對當時還不知威士忌為何物的日本人而言，不難想像象徵蘇格蘭的泥煤

風味或許正是讓人難以接受的理由。因此，要讓產品成功便必須開始理解日本人，做出讓日本人接受的威士忌風味，才能使他們逐漸熟悉且習慣泥煤風味，繼而理解威士忌是什麼樣的酒。

自彼時起，前前後後經過了近五十年，日本才開始逐漸從各種山寨威士忌，進展到真正的國產威士忌也廣為大眾所認識的時代，開始建立起屬於日本的威士忌文化。隨著時代變遷，1971年蘇格蘭和波本威士忌開放進口，強大的外來競爭壓力也迫使產業必須得不斷向上提升。

對當時的上班族來說，三得利的「我的」和「角瓶」是最具象徵性的品牌，雖然風味上可謂是「沒什麼特色」，但那正是需求柔順易飲的時代。當時的威士忌或許很難與今日所謂的「日本威士忌」相提並論，但是那樣的味道確實在很長一段時間內廣受日本民間老爸的歡迎，酒款的品質也確實得到提升。

儘管日本釀造的威士忌，或許原料與製法都和外國一模一樣，但是在不同的自然環境下熟成，畢竟還是會帶來不同個性的原酒。只要這些原酒臻至某種水準，接著就可以憑藉調配上的技術、美感、手法，使之幻化成風味和個性都截然不同的基礎。因此，日本威士忌從啟蒙黎明期開始，先是經過了相當漫長的一段摸索期。在這段期間內，不只原酒品質和熟成狀態都不甚理想、甚至在調配方向和理解日本人口感需求上，都還處於摸索的階段。好不容易，花了將近五十年的時間，孜孜研究到底什麼才是「能夠在日本生產，同時又符合日本人口感偏好的國產威士忌」，他們以嚴密的科學研究分析原料、糖化、發酵、蒸餾、熟成等各個工序的細節，並累積各種數據等等。

例如，使用位處東北亞的日本獨有的山毛櫸科木材「水楢」桶陳，就是為日本威士忌帶來獨特香氣的了不起大發現。此外，在最終的調配階段，日本人也以獨特的纖細味覺將調配藝術儼然施展幻術般發揮到極致，可謂是威士忌職人、特別是調酒師的極致工藝展現。更重要的是，每一家蒸餾廠都透過種種努力，以調整原料、酵母種類與發酵時間、蒸餾器形狀、熟成木桶選擇、熟成條件等等，試圖創造出無數風味的原酒以供調配。

到了2000年，種種努力終於在全球各地的主要蒸餾酒比賽獲得肯定，「日本威士忌」開始在不同領域屢屢獲獎，世界各地也因此增加了不少「日本威士忌」的愛好者，「日本威士忌」品牌開始顏面有光。

日本威士忌的「獨自進化」

　　儘管日本威士忌在國際間逐漸站穩腳步，日本仍然擁有許多其他國家罕有的獨特產業構造。

　　例如，日本威士忌的相關限制目前只有酒稅法，也就是只要有確實付稅就幾乎是「愛怎麼做都可以」。因此，「日本威士忌」其實不存在真正的定義。就算原酒都是從國外進口，只要在國內進行調配和裝瓶，就能在酒標標示為日本原產和製造（調配和裝瓶），並以國產威士忌銷售。將這樣的日本威士忌相比於，從種植、發芽等所有工序都在國內的自家蒸餾廠完成的百分之百純國產威士忌。老實說，未免太魚目混珠。

　　此外，就算釀酒原料沒有限制，但日本連熟成年數也沒有一定要求，更別提熟成用的容器可以是陶甕、木桶甚至金屬，容量也沒有限制。熟成概念並不存在，因此當然也沒有相關的規範。

　　基本上，如果不是因為近年這波威士忌風潮，威士忌產業其實很難預估未來銷量，也很難推估現下該維持多少產量。只能空有期待銷量的狀態下，希望每年維持固定產量，其背後必定需要相當穩定的財政基礎支撐。對於規模只有大廠數十分之一的微型蒸餾廠來說，殫精竭慮累積出的每一滴原酒，都是業界眼中非常珍貴耀眼的存在。

　　如今在全球廣受好評、屢屢獲獎的酒款，都是良莠不齊的日本威士忌頂

上皇冠最耀眼的寶石，它們是只要有機會喝過，任何人都能理解的極上美味。另一方面，日本威士忌也仍有很大一部分，是從未出過國門、沒參加過任何比賽，品質也極其普通的國產威士忌，用不知道是以哪種標準沒憑沒據地自稱國產威士忌。這些就是我們日常習慣飲用的「日本威士忌」，也是唯一沒有標準規範的威士忌五大產地之一。

舉個極端的例子，如果走一趟專賣店，店裡所有能買到的日本威士忌，不論價格，其實沒有任何一款受到國家相關法規保證品質。但是，如果買的是蘇格蘭威士忌，就算價格再便宜，也都符合蘇格蘭的相關法規，換言之，這能對消費者提供一定的保障和安心感。波本、愛爾蘭、加拿大威士忌都是如此。反觀日本威士忌，儘管生產者可以大聲強調自己是「日本製」，但實際上完全沒有任何限制，也沒有最低熟成年限，倘若這些威士忌有一天有機會外銷到海外，老實說，身為日本人的我很擔心。

當然，本書介紹的都是以最嚴格的標準、真正在自家蒸餾廠進行蒸餾的「日本威士忌」。建議大家不妨也以是否擁有自家蒸餾廠，衡量是否真為日本威士忌。至於調和威士忌，由於中小型蒸餾廠取得穀類威士忌確實更不容易，就不在此限了。

SHOT BAR ZOETROPE

全球威士忌迷專程造訪的日本威士忌聖地

店內蒐羅的日本威士忌酒款品項之豐富，幾乎可以稱得上首屈一指。讓海內外的日本威士忌酒迷都飛蛾撲火般前仆後繼地朝聖，這就是「ZOETROPE」的魔力。

店門口的看板繪有詭異的「眼睛」插圖，以及 1960 年代風格字體寫成的店名。

Shot Bar ZOETROPE

東京都新宿區西新宿 7-10-14 GAIA 大樓④ 3F

TEL：03-3363-0162

營業時間：

17：00 ～隔日 0：15，每周日、國定假日定休

https://www.facebook.com/ShotBarZoetrope/

　　一說到西新宿，一般都會聯想到東京市府、一流飯店以及叢集一棟棟鑲著財團名稱高樓的商業中心。但是，西新宿的七丁目其實是個繁雜的區域，聚集了許多小規模的餐飲店和辦公室，也有不少都更計畫正在進行。蒐羅了豐富日本威士忌酒款的 ZOETROPE，就隱身在該區一棟住辦混合的大樓裡。這家以默片和日本威士忌為特色的酒吧，是由已故的日本電影美術巨匠木村威夫負責內裝，因此，這裡就像是影迷和酒癡的另一個家，不斷吸引他們在此聚集。至於老闆堀上，更是比影迷更迷、比酒癡更癡的超狂熱分子。近年除了日本國內酒迷圈內，其聲名更遠揚海外，吸引了不少國外粉絲專程來訪。如果還沒機會一探究竟，下一頁的訪談將從創立過程開始，一步步揭開酒吧門後的神秘面紗。

店主堀上眼中的
日本威士忌未來

ZOETROPE 店主／酒保
堀上敦

2006 年，開設以默片和日本威士忌為特色的 ZOETROPE，其為酒吧業界的特色人物，很早就以獨特的視角看出日本威士忌的魅力和可能性。

編輯部：請教您是在什麼時候開始經營這家以國產威士忌為主角的酒吧？

堀上：我是 2006 年開了這家日本威士忌酒吧。

編輯部：當時是有什麼理由嗎？

堀上：當時我覺得為什麼住在日本卻竟然會喝不到、也買不到日本的威士忌，這不是很奇怪嗎？所以，其實就是從這一點開始的。我在學生時代就喝過紅酒、白酒，然後開始喝蘇格蘭威士忌與波本威士忌，然後繞了一圈才又向到日本威士忌。所以我並不是討厭蘇格蘭或波本威士忌，我也不是只喜歡日本威士忌。其實當初是因為喝到 Mars 的「駒之岳 10 年」的時候，心裡覺得「這個明明很好喝，但是為什麼知名度居然那麼低？難道都沒有人知道這個酒嗎？」然後我才意識到，「我自己也是到目前為止，也一直都不知道有 Mars 這個東西」。再加

上我一旦迷上某件事就會一頭栽進去，所以就開始到處蒐羅日本威士忌。四處找來的威士忌裡，當然有的好喝，有的也不那麼好喝，但是不管怎麼樣，我都覺得「為什麼要搞得那麼辛苦才能喝到日本威士忌呢？」2006 年左右，已經有很多蘇格蘭或波本威士忌的專門店，但是不知道為什麼，那些地方也都喝不到日本威士忌。而且，在那些地方問他們蘇格蘭威士忌也好，波本威士忌也罷，每款都知之甚詳，但是一旦問到日本威士忌，卻沒有人知道也沒有人喝過。更糟糕的是，即使他們對日本威士忌一無所知，最後卻還會做出「想也知道一定很難喝吧」的結論。我當然覺得「你們根本不知道、也沒喝過，怎麼說得出這種謬論」，所以才想說乾脆開個可以讓人喝到日本威士忌的店，才有了這裡。

編輯部：請問您在開這家店之前是從事什麼行業？

堀上：我之前是從事遊戲軟體製作。

編輯部：從這麼一個完全無關的行業，您是突然就決定了嗎？

堀上：倒不是。在我做遊戲軟體的時候，心裡已經一直有「再過幾年就要來開間酒吧」的想法。

編輯部：之前來拜訪的時候，真的是生意好到根本很難有機會和您交談，打從一開店，生意就一直這麼好嗎？

堀上：沒有，一開始當然不是這樣。不過，我想沒有哪一間開在住辦混合大樓三樓的餐飲業者，會一開始就有很多客人的吧（笑）。

編輯部：那您是做了哪些事情來提升來客率呢？

堀上：就和其他的餐飲業一樣，一開始是靠朋友的口耳相傳。不過，一來因為我們的商品非常特殊，另一個特色就是「電影」，所以也吸引到一些愛好電影的客人。還有一些專門到處發掘新酒吧的客人，因為我們的商品很特別，所以他們也會在其他酒吧聊到，所以甚至也有一些客人是這樣聽說的。還有，通常自己想開酒吧的人多半也會先到其他酒吧實習，但是我卻只去上過日本酒保協會（NBA）會長在澀谷辦的酒保學校，然後也沒在任何地方實習就開店了。其實我自己有想過要先去實習，但是當時在上課時，我和其他幾位同學被會長點名說，「你們這幾個就不要去實習了」。

編輯部：為什麼呢？

堀上：應該是怕給別人添麻煩吧，因為我們年紀都一大把了，到其他的店如果酒保的年紀都很年輕，應該也會覺得我們很難使喚吧。所以會長當時是說：「既然大家都只會留下不愉快的經驗，你們這幾個就也別實習了，就算有點勉強，也就撐一下自己把店開了吧」（笑）。既然會長都這麼說了，我們也就沒實習就自己開店了。在這一行，很多人都是經過不只一年，甚至有時會實習很多年才終於自己獨立開店，所以某位頗有名的到處混酒吧的客人就曾經問我：「你之前是在哪家店？」我當然只能說：「我之前哪裡都沒待過，就只是做遊戲的」，或者也會被問：「怎麼會挑這些酒呢？」。也有一些其他酒吧的酒保問說：「挑這些酒是腦筋有問題嗎？」或者說：「靠日本威士忌是沒有辦法做生意的」，要不然就是被人家說：「這是你的嗜好？興趣？」等等。

編輯部：這是來客率還不高的時期嗎？

堀上：沒錯。不過當時我覺得「沒關係，反正我就是要靠這個做下去！」所以至少在 2006 ～ 2007 年的那一段時間，大家應該都是把我當作一個腦袋可能有問題的人，居然專門做日本威士忌。

我在開店前的 2005 年，在某個威士忌活動有機會認識了初創威士忌的伊知郎先生。當時還是 Ichiro's Malt 攤位根本還沒什麼人的時候，當時我喝的第一杯「Ichiro's Malt」就覺得非常美味，然後跟伊知郎先生打了招呼。我還跟他說：「其實我最近打算開一家專賣日本威士忌的酒吧」，結果他的反應也是「哇，這真是……這個嘛……」（笑）。我說：「沒關係，我有我的想法，屆時開店的話會再通知您，希望未來能和您有長遠的合作」。開幕之後我就通知了伊知郎先生，沒想到他很快就到店裡來了，還說「真的是只做日本威士忌呀！這還真是威士忌業界的藍海產業呢！」（笑）。

編輯部：我也從來沒想過日本威士忌專門店竟然有可能成立。

堀上：開店前我跑去拜訪江井之嶋酒造的時候也是，當時他們問我：「您是因為有興趣就大老遠跑到這裡來嗎？」然後我跟他們說：「其實我是打算在東京開一家日本威士忌的專門店」，他們接著說：「這真是令人意外，那您也會用我們的威士忌吧……？」（笑）。

編輯部：原來如此，但是為什麼您會想要開一家這麼特別的店？我真的非常好奇。

堀上：老實說，其實我認為日本國產威士忌有好喝的，也有難喝的，如果客人點了我認為不好喝的，我也會老實說：「這我不推薦喔，不過如果您還是想喝的話當然沒有問題」。只不過，我認為好不好喝也可能完全無關緊要，我認為重要的是客人能否選出他認為有價格的價值。

編輯部：之前我來的時候，碰到非常多來自海外的客人，這些外國的客人是從哪裡知道關於這家店的訊息呢？

堀上：很多客人是在網路上看到，也有很多是看「Trip Advisor」、「Lonely Planet」等網站。

編輯部：相較於剛開店的時候，現在的日本客人和外國客人的比例有變化嗎？

堀上：與之前完全不同，現在幾乎超過七成都是外國客人，當然每個月會稍微有所增減，但是大致都有七成左右。三月到四月應該是最多外國人來日本觀光的季節，這段時間會遠遠超過七成，相反地在觀光客比較少的梅雨季節，就會略低於七成。

編輯部：所以會依季節不同而有變化。

堀上：沒錯，我想應該是因為三月底是國外復活節假期，加上日本剛好是花季的關係。

編輯部：以前就有七成的外國訪客嗎？

堀上：當然沒有，因為我們也不是為了專門做外國客人才開的酒吧，所以當然一般的日本客人也都會光顧，在開店的第二年或第三年左右開始，外國客人才陸續增加。剛才我提到網路，當初第一位外國客人就是因為看到英文部落格「Nonjatta」才來的。這個網站是海外日本威士忌愛好者圈非常有名的部落格，最早由 Chris Bunting 經營，現在則是比利時籍的 Stefan Van Eycken 持續經營。Chris Bunting 是派駐日本的愛酒人，他寫了一本指南《喝在日本》（Drinking Japan）內容是他自己身為外國人在日本碰到的喝酒困擾，比方像居酒屋沒點就來的小菜，或者像酒吧、居酒屋下酒菜和外國不同等

等。這本書真的很不錯，上面也有介紹很多喝酒的地方，還有像日本酒和燒酎的做法差異，以及在酒吧喝酒必備的基礎日語等等，對想在日本喝酒的外國人來說，這真的是一本非常方便的指南，現在還有法文版。

編輯部：所以那本書上也有介紹 ZOETROPE 嗎？

堀上：對。先是「Nonjatta」，然後他又出了這本書，之後他在所有參與的書中也都有提到我們。可能就是因為這樣，看了這些書的人就會來店裡，來過店裡的客人回去又會在自己的部落格提到，外國客人才這樣愈來愈多。

編輯部：對外國客人來說，這樣的店應該是很特別吧？

堀上：我想能夠專賣日本威士忌到這個程度應該是滿罕見。外國客人到這裡時，首先最驚訝的就是「店居然這麼小」。因為在國外好像很少有在大樓或地下室的酒吧，所以很多人來了以後都說：「你們這裡真的很難找」。

編輯部：大家對酒的品項有什麼看法呢？

堀上：酒的部分大家通常的感想都是：「令人驚豔」（amazing）、「超讚」（awesome）、「很美」（beautiful）。雖然身為日本人的我，其實有點不懂最後的「很美」到底是什麼意思（笑）。這可能不只是在我們的酒吧，因為外國客人好像覺得日本的酒吧文化非常特殊，每家店都有很特別的角度，所以像紐約時報、英國衛報等等，很多外國媒體的旅遊專欄都有來採訪過，也有很多客人是看到這些報導才慕名而來。

編輯部：這些外國客人在店裡都是怎麼喝日本威士忌的呢？

堀上：這當然因人而異，不過主要應該還是純飲，因為這種會專門看報導找上門來的，多半都是相當程度的愛好者，所以直接純飲也比較多。不過，以傾向而言，美國客人加冰的比較多，歐洲客人通常純飲比較多。至於亞洲客人的喝法就比較分散，什麼樣都有。

編輯部：那請教日本的客人和這些海外來的客人，在酒款偏好上有什麼不同嗎？

堀上：這倒還好，只不過外國的客人的話，就算是很資深的酒迷，他們對蘇格蘭威士忌可能知之甚詳、喝過的也很多，但是對於日本威士忌畢竟還是品飲經驗比較少，甚至完全不了解，所以整體來說，大部分會喝的都還算是比較基本的酒款。像我們店裡因為特別有準備所謂的「品飲套組」（tasting set），所以很多客人都會點這樣一整套來品嘗。

編輯部：請教這裡的「品飲套組」種類很多嗎？

堀上：對，現在我們就有「山崎和白州套組」、「余市和宮城峽套組」，還有像「穀類威士忌三種套組」、「竹鶴三種套組」等等。不過，當然也會碰到真的很懂的客人，這些當然他都已經喝過了，他可能就會問：「那有沒有輕井澤呢？」或者說：「有沒有『Ichiro's Malt』呢？」，也有這樣的外國客人。

編輯部：所以真的是要看客人本身鑽研的程度而定呢。

堀上：沒錯，也有碰到過會說：「你看，這是我的酒櫃」，然後把自己家裡排滿日本威士忌的酒櫃照片秀給我看……。

編輯部：不知道他是在哪裡買的……。

堀上：這個嘛……。對酒迷來說，想要的話是一定就能找到管道。例如，如果是在歐洲，不管是法國的 La Maison du Whisky 或英國的 Whiksy Exchange 等威士忌專賣店，以前都很積極地推銷日本威士忌，最近可能才真的因為數量愈來愈少而比較難買。在《阿政》開播之前，其實日本原酒也沒有像現在這樣稀少，所以就算是平常很少推出限定品項的 Nikka，偶爾也會有特別限定酒款。美國或澳洲也是，例如，Nikka 的「來自原桶」在歐洲就特別受歡迎，所以知道這款酒的客人也很多。

編輯部：我記得之前來的時候，有喝過 Ichiro's Malt 專門為 ZOETROPE 做的限定酒款，非常美味，請問還有其他本店限定的特別版嗎？

堀上：目前為止，我們有做過三款（三種），一款是伊知郎先生的「羽生」（三週年紀念酒），一款是「秩父」（八週年紀念酒），還有一款是江井之嶋酒造的「明石」。再來就是 2017 年 2 月才追加

為了紀念開店三週年而推出的 Ichiro's Malt 限定酒款，於 2000 年蒸餾，2009 年裝瓶，以蘭姆桶陳年，酒精濃度 60.7％桶陳原裝，作者高橋的酒評是：「濃厚再加上適切的刺激感，日本威士忌竟然也能如此美味，讓人非常驚豔。很希望大家能品嘗到身為創世紀旗手的初創威士忌已然臻至獨特性格的原酒風味。」

為了紀念開店八週年而推出的 Ichiro's Malt 限定酒款，於 2009 年蒸餾，2014 年裝瓶。波本桶陳年，酒精濃度 62％。

的第四款，這款酒現在還在伊知郎先生那兒正準備裝瓶。這是特地為了紀念本店十週年的一款酒，但是，其實本店的十週年應該是去年，也就是 2016 年 3 月。當時想說「要在十週年的時候裝瓶」，所以在 2009 年買了木桶，但是後來又想說應該還是要讓酒盡量熟成久一點，所以才變成乾脆在十週年的最後讓大家喝到，所以經過七年兩個月的熟成後，計畫從下個月開始在這裡販售。

編輯部：請教這款酒一桶可以裝成多少瓶？

堀上：一百九十六瓶。其中一部分可能會分給一些平常有來往的酒保，但基本上不會對外販售，只在我們這裡才有。三週年的紀念酒，原本也是有分出很少量賣給我們的客人，結果後來還是在網路上被以高價競標……因為我也不喜歡這種情形，感覺很糟，所以現在就完全不分給客人了。一方面是因

為用高價買了的客人可能也不會真的開來喝，另一方面我們也不希望看到這些酒不斷地再以更高價轉賣，所以才希望盡量放在我們店裡，讓來的客人品嘗才是比較好的方式。

編輯部：來這裡就可以喝到這四款酒嗎？

堀上：因為「明石」當時不是訂整桶，而是只委託裝瓶一百瓶，所以現在已經沒有了，但是另外三款都還有。

編輯部：對您來說，您認為如果要從日本威士忌中挑選出最關鍵、最重要的三款威士忌，會是哪三款呢？

堀上：對我來說，最重要的威士忌有兩款，一款是用陶器裝瓶的「Mars 駒之岳 10 年單一麥芽」，另外一款就是伊知郎先生的「1988 年份」（Vintage 1988）。這兩款都是我之所以會開這家酒吧最重要

當初讓堀上感受到日本威士忌實力的 Mars 的「Maltage 駒之岳10年」。不知道當初發售時,有多少人注意到這款酒。

據說當年堀上在駒之岳之後又喝到了 Ichiro's Malt 的「Vintage Single Malt 1988」,這才讓他終於決心要開一家日本威士忌專賣店。

的推手,當然其他不管是「山崎」、「響」或「余市」,我也都認為非常好喝,但畢竟我並不是只因為 Nikka 或三得利就想開日本威士忌專門店。當我喝到「駒之岳10年」時,就感覺「雖然不很清楚是怎麼回事,但是居然還有這麼美味的威士忌」,之後再喝到「1988年份」,更是覺得「這未免也太好喝了吧!」然後,才接著入手其他類似品質的威士忌,也才開始覺得如果還有其他這類高品質的酒款,那麼「單做日本威士忌應該也可以經營得下去」。當然,主要三大廠牌的基本水準都很高也是一點,但是我的原動力仍然源自就算在大廠之外,還是有很多很好的威士忌。

編輯部:近年的威士忌風潮雖然是被《阿政》帶動,但是,在此之前和之後,客人有什麼變化嗎?

堀上:我們這裡倒是沒有什麼改變,不過竹鶴的知名度確實有提高,點竹鶴威士忌的比率也增加了。由於現在要定期推出「竹鶴17年」或「竹鶴21年」已經很困難,每年只能勉強推出兩批,但是之前的「竹鶴12年」倒是在那個價格區間來說算是相當好喝,所以如果剛好在電視劇播出的那段時間初次嘗到這款酒,多數的反應都是:「很好喝呢」。

編輯部:您認為日本威士忌的風味,有隨著年代不同產生變化嗎?

堀上:這個問題滿困難。我認為風味的主要轉機,還是在當年酒稅法大幅更改的時候,1980年代的波本風潮應該也有推波助瀾的效果。我也認為 1980年代的泡沫經濟時代,是麒麟最成功的年代,他們不只成功讓「Harper」(屬於波本威士忌)加蘇打水的喝法廣為大眾接受,還讓大眾認識了一些很小眾的波本。而且幾乎所有酒保都認同,當時許多愛上波本的人,也就一直都是波本的愛好者。不過當然也有後來就沒那麼熱衷波本的人,但是,熱情持續不減的愛好者通常就會一直喝同一個品牌。所以,當只是碰巧經過我們門口,然後想說「這裡居然有家酒吧」就進來的客人,如果是後來轉喝蘇格蘭威士忌的愛好者,當知道我們這裡只有日本威士忌之後,他們就會想說「是喔,既然都來了,不然就喝喝看日本威士忌好了」;但如果是一直以來都只喝波本的人,就會說「是喔,那麻煩請給我一杯

『Harper』」（笑）。

編輯部： 最近日本也開始有愈來愈多新蒸餾廠成立，關於這一點您有什麼看法？

堀上： 製酒畢竟是一項商業活動，所以我想大家應該都是想趕上 2020 年的東京奧運，所以拼命趕在 2016 年開始。如果去年趕得上的話，到了東京奧運時，就能勉強符合蘇格蘭威士忌三年熟成的最低標準。以前可能不會特別考慮什麼熟成標準，不過依照現在的風向，大家似乎都已經把至少三年熟成當作必備標準。這次新加入的蒸餾廠中，靜岡的Gaiaflow 因為一直是進口商，所以對該達到什麼標準應該很清楚，另外厚岸的堅展實業既然是想「以艾雷島為目標」，當然也應該會仿效蘇格蘭威士忌的標準。所以，我認為這和 1980 年代所謂在地威士忌的流行風潮，已經是完全不一樣的東西。

編輯部： 剛才提到蘇格蘭威士忌必須至少經過三年熟成，但目前日本威士忌其實沒有任何像蘇格蘭或波本的法規限制，關於這點不知道您怎麼看？

堀上： 我雖然認為要有規範比較好，不過，是不是必須規範得如此詳細或嚴謹，老實說我不知道。比方現在很多人大聲疾呼的「純麥」（Pure Malt），聽起來好像是很日本在地的威士忌，但是真的很日本嗎？市面上確實有這種酒款。打著「純麥」名號的威士忌，實際上卻可以不標示出蒸餾廠名，我認為這些酒款至少要標示如「日本和蘇格蘭混調原酒」或「完全使用蘇格蘭原酒製成的純麥」。另外，相關法規還牽涉到酒稅的問題，想要動用稅務局或國家的力量嚴密改變這些規範，我覺得幾乎不可能。所以，如果能在業界團體內達成類似的一致道德規範，應該會比較好。

編輯部： 因為這也涉及稅率。

堀上： 是，萬一稅率因此增加也會造成大家的困擾，所以我認為沒有必要作繭自縛，只須用業界團體的力量讓各家公司聯盟，至少做到「團體內遵守同樣規範」，其實就很夠了。日本威士忌的技術基本上就是從蘇格蘭轉移來的，所以我覺得依循蘇格蘭威士忌標準的方向也很正確。

編輯部： 所以，如果想要自稱日本威士忌的話，至少應該要在日本蒸餾、日本儲藏吧？

堀上： 這應該是最低標準，因為日本威士忌中還有很多微妙的部分，雖然我也一直認為應該要有更明確的規範，但是對太多事物太過拘泥，其實也沒必要。如果要深究，現階段使用國產小麥也還太不實際，曾經有外國客人問我：「日本威士忌用的泥煤是從哪裡來的？」，我也只能回答：「因為麥芽是從麥芽廠進口，所以買來的時候已經燻過泥煤了」。如果他追問：「你們不在日本自己生產嗎？」我也只會回答因為連在蘇格蘭也已經很少有人會自己處理這些工序了。

編輯部： 如果想要繼續深究，是可以沒完沒了的……。

堀上： 沒錯。

編輯部： 所以，應該規範在日本境內蒸餾與儲藏，再加上熟成年數的規範，大概就差不多了。

堀上： 還有像是使用日本水源。因為，畢竟各家蒸餾廠都很強調「水源很重要」，當然氣候也是。不過，外國人好像並不把水源看得很重要，我碰過很多外國人都說：「都已經蒸餾過了，水應該沒關係吧」，但我認為因為最終還是會加水調整酒精濃度，所以水源還是很重要。

編輯部： 非常感謝您的分享。

KICHIJYOUJI SUN TAMA BAR

蒐羅國產珍稀威士忌
新手也能安心進門的休閒酒吧

收藏酒款從日本國產到蘇格蘭威士忌皆有，一個人也能輕鬆造訪的氣氛獨具魅力。適合在吧檯獨酌，也適合有伴共飲的風情萬種酒吧。

吉祥寺 SUN Tama Bar

東京都武藏野市吉祥寺北町 1-1-19 魁第 3 大樓 2F

TEL：0422-21-6553

營業時間：18：00～隔日 2：00，不定休

https://www.facebook.com/SunTamaBar/

店主長谷川先生從上班族華麗轉身後開了這家店。對日本威士忌有很深造詣，邊喝邊聊特別有味道。

Sun Tama Bar 位於知名神社武藏野八幡宮附近的大廈二樓，與喧囂的吉祥寺有段距離，入店迎面而來的大片窗戶帶來酒吧罕見的開放感，親切又開朗的店主也是本店的一大特色。店內網羅日本和蘇格蘭威士忌，特別有超過四十種以上的日本國產威士忌。由於立地位置，客層普遍較年輕，所以店主大多會先推薦國產威士忌給來店的威士忌入門者。最先推薦的便是 Mars 的「岩井葡萄酒桶過桶」及 Nikka 的「宮城峽」。至於「山崎」和「白州」等經典酒款店裡當然也有供應，然而過往指定喝這兩款酒的客人在嘗過「岩井葡萄酒桶過桶」及中國釀造的「戶河內」之後，也紛紛表示喜歡。較特殊的酒款包括 2015 年停產的「Nikka 博多」、Mars 在麥芽威士忌酒吧「Campbelltoun Loch」15 周年紀念時限定推出的「駒之岳」、在 Ichiro's Malt 秩父蒸餾廠裝瓶的 40 年「Uniting Nations Essence of Karuizawa」等。向店主長谷川打聽推薦酒款時，他表示「喝過『博多』的客人都說好喝，而關東很多客人沒喝過『宮城峽』，我也希望他們能夠試試。此外，『山崎 12 年』更是不用多說的經典，果然還是比無年份的多了更深一層的風味。」他也預測日本威士忌酒廠將來勢必會以更全球化的視角進行製酒，並一心期盼品嘗到更多富個性又美味的威士忌。在這裡能邊聽店主分享，一邊深入享受國產威士忌。

飲料價位／一杯 600 日圓起（國產威士忌一杯 1,000 日圓起跳），平均價位 3,000～5,000 日圓。服務費每位 500 日圓（23:00 之後入店則每位 800 日圓）。

日本威士忌
酒吧

日本古都先斗町的
日本威士忌酒吧

位於古都、由年輕人掌舵的酒吧，所有酒款都是在日本
蒸餾廠從糖化、發酵、蒸餾到熟成的精選酒款。不愧是
日本威士忌的聖地。

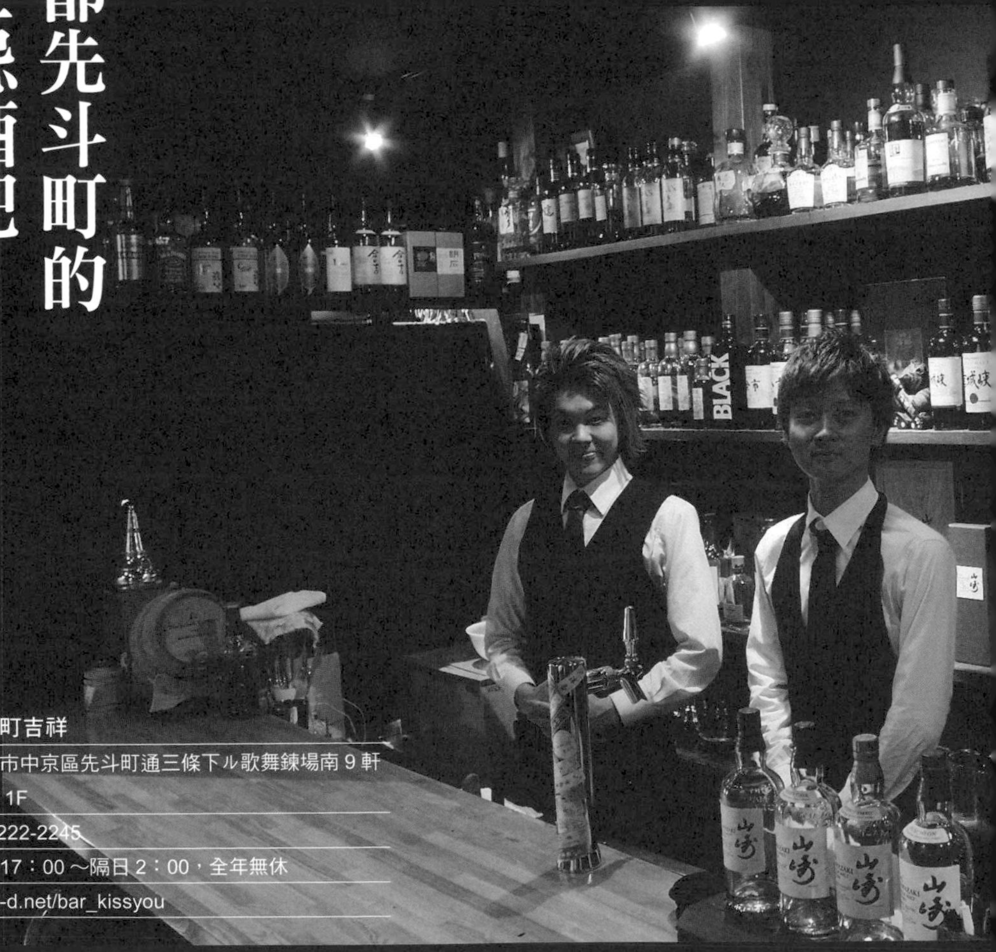

BAR 先斗町吉祥
京都府京都市中京區先斗町通三條下ル歌舞鍊場南９軒
目河島會館 1F
TEL：075-222-2245
營業時間：17：00～隔日２：00，全年無休
http://c-and-d.net/bar_kissyou

擔任先斗町酒吧「吉祥」店長的前田康則、主任山下鐵平與另一位工作人員，一起打理所有店務。

京都先斗町是著名的花街，靜靜佇立在狹窄巷弄間的酒吧吉祥，提供了有別於門外喧囂的靜謐空間。從京阪三条河原町徒步只要五分就能到達的觀光重地，吸引海內外威士忌狂熱分子慕名前來。店裡雖然也供應啤酒或葡萄酒，但重頭戲仍是日本威士忌。作為日本威士忌專賣店，這裡不只有各種品牌酒款，還蒐羅蒸餾廠限定酒款與已停產的酒款等，從原酒到珍稀酒款共約百種。推薦來這可以品嘗「美露香輕井澤蒸餾廠原酒12年」「麒麟御殿場蒸餾廠原酒10年」「Nikka 余市蒸餾廠原酒5年‧10年」「余市泥煤海鹽12年」「余市10年‧12年」「宮城峽原酒5年‧10年」「Nikka 科菲穀物12年」「宮城峽10年‧12年」「山崎12年‧18年」以及「白州12年」。就連銷售長紅而很難找到的各種高年份酒款都有。憑藉地利之便，這裡還有非常豐富的三得利山崎蒸餾廠酒款，許多造訪蒸餾廠的訪客，回程都還會特別來報到。來到這裡，重新發覺到日本威士忌竟有如此多樣的種類，令人再一次感到驚艷，光是眺望架上琳琅滿目的酒瓶，心中就不由得感到雀躍。

飲料價位／一杯800日圓起，平均價位2,000～2,500日圓。服務費每位500日圓。

威士忌的釀造過程

單一麥芽威士忌是以百分之百的大麥麥芽、酵母及水製成。並經
糖化、發酵、蒸餾及長期培養，才能稱作威士忌。

撰文：和智英樹

1. 從大麥到麥芽

由於純麥威士忌的原料是百分之百大麥，用玉米、小麥、裸麥等其他穀類製成的則屬於穀類威士忌，至於以穀類混和大麥麥芽製成的則是調和威士忌。

其中，大麥又以必須在春天播種的二稜大麥，被認為是富含澱粉質的最佳麥種。此外，也有些蒸餾廠從公認為歷史更悠久的黃金諾言大麥（Golden Promise），轉而改用更新的奧匹梯克大麥（Optic），也有蒸餾廠是以奧匹梯克大麥混和奧克斯伯爵（Oxbridge）。但也有酒廠頑固地堅持使用百分之百的奧克斯伯爵，如拉弗格（Laphroaig）；也有酒廠使用百分之百自家栽培的專用品種，如麥卡倫（Macallan）。至於日本，儘管國產大麥價格極高，但仍然有初創威士忌秩父蒸餾廠計畫使用埼玉大麥，木內酒造則計畫選用黃金大麥（Golden）製酒。

這些大麥必須吸滿本身重量三成的水分，然後平均地鋪在蒸餾廠地板上，以木製的麥芽鏟每隔四至六小時翻拌一次，以促進發芽。發芽後的大麥稱為「麥芽」（malt），在地板上發芽的過程則稱為「地板發芽」（floor malting），過去曾是每家蒸餾廠都

會進行的作業。不過，近年除了極少數的蒸餾廠，絕大多數的蒸餾廠都改從專門供給麥芽的製麥所直接購買。因為此程序占威士忌生產的整體費用高達六至七成，必須相當謹慎。進行地板發芽的空間一般稱為「發芽間」（malt house），由於講求通風良好，因此往往設有窗戶或通風孔，但也往往會引來野鳥和老鼠入侵。這也是為什麼過去許多蒸餾廠常飼養貓來防鼠和鳥，這些擔任守護重責的貓甚至稱為威士忌貓。例如，曾收錄在金氏世界紀錄的格蘭陶蘭特蒸餾廠（Glenturret）的愛貓陶瑟（Towser），其生涯紀錄據說共捕獲 2 萬 8,899 隻老鼠。很可惜地，這項可愛的傳統如今則因為「蒸餾廠不得飼養動物」的禁令而走入歷史。

另一方面，為了停止發芽過程而進行的乾燥作業會燃燒泥煤，蘇格蘭特有的泥煤香氣也就是在這個過程進入麥芽。泥煤烘燻程度是以所含的酚值為指標，如今各廠多半以過去慣用的數值向製麥所提出要求，如 35 或 50 ppm。即便是在自家蒸餾廠進行發芽作業的酒廠，如今多半也會以瓦斯或石炭為燃料來進行乾燥程序，泥煤只是麥芽燻烤香氣的來源。

大麥發芽製程所占成本為生產威士忌的七成，不難
理解為什麼酒廠要從製麥所購買原料。

2. 糖化

　　發好的麥芽接著將進行糖化，指的是把麥芽置入糖化槽（mash tun），並且加水（熱水）攪拌的製程，但在麥芽進入糖化槽之前，還必須碾成適當大小。用來磨碎麥芽的磨粉機稱為 Hopper，磨完的碎麥芽則稱為 Grist，還能從粗到細分成粗（husk）、中粗（grits）和細（flour）三種。一般的碎麥芽組成比例約為 20％粗、70％中粗、10％細，不過各家蒸餾廠的比例當然還是會存在些許差異。

　　糖化槽的材質與構造也會依各蒸餾廠而有不同，多數是用最容易管理的不銹鋼槽。即便如此，不鏽鋼槽還分為有蓋和無蓋，以及依各廠產量規模而訂作的大小之別。

　　槽內則設有攪拌裝置，各廠也會竭盡所能，試圖以最佳的效率保留最多的優質麥汁（wort）。此外，某些蒸餾廠仍選用木製的糖化槽，但因為管理困難，多半還是和不銹鋼糖化槽一起併用。這些木製糖化槽使用的木材多半進口自北美，其中又以北美黃杉（也稱花旗松）最普遍，木製槽一般還會搭配木製槽蓋。

　　不同粗細混和而成的碎麥芽，接著會在糖化槽與熱水混和，讓酵素作用使澱粉轉為糖分，在此過程中，水溫多半保持在最適合分解酵素的攝氏 63 ～ 64 度。這個過程一般稱為糖化（mashing），此時使用的水（在浸潤大麥發芽的過程也會用到），通常也是各廠在各階段都會指定使用的同一水源，也可說是決定各家蒸餾廠風味至關重要的「關鍵水」。

　　儘管多數酒廠用的都是軟水，但仍然有酒廠選擇使用硬水，兩者之間其實並無優劣之分，紐約州的波本蒸餾廠就曾表示酒廠用的其實就是一般自來水。至於軟硬水的差異在於每公升水中的礦物質含量，低於 140 毫克的屬軟水，超過的則為硬水。

　　在糖化槽混和的大大小小碎麥芽中，粗粒碎麥芽通常會使得麥汁較混濁，最終會沉到槽內最下層，中粗與最細的碎麥芽則往往會懸浮於麥汁中。儘管經過沉澱後，最終可以得到澄清麥汁，但是不同大小碎麥芽所占的比例，對於麥汁的品質有相當影響。這也是能看出各廠負責糖化工序的專業人員個性的過程。

　　糖化作業最終在得到含糖 13％的麥汁階段畫上句點，轉至發酵工序。至於這些富含蛋白質的穀物殘渣，則可當作絕佳的優質畜牧飼料或蒸餾時的燃料，這些殘渣往往會妥善再利用，不會輕易丟棄。

白州蒸餾廠的巨大糖化槽總是擦得晶亮。

3. 發酵

簡單來說，發酵工序就是將上個階段完成的麥汁移至發酵槽，藉由添加酵母開始發酵，讓麥汁成為酒汁（wash）的過程。

首先，麥汁在移至發酵槽前會先通過稱為麥汁冷卻器（wort cooler）的裝置，降溫至攝氏 20 ～ 35 度後才移入發酵槽，發酵槽的材質分成金屬和木製兩種，多數酒廠只使用金屬製，也有兩種並用。

至於加入發酵槽的酵母，通常僅會採用數百種酵母中的兩種，分別是發酵效率絕佳的威士忌酵母，以及英格蘭用來釀造艾爾啤酒（ale）的啤酒酵母，不過由於英格蘭啤酒銷量逐年遞減，啤酒酵母也變得愈來愈稀少，如今多數的蒸餾廠都僅以威士忌酵母發酵。不過，目前已經證明若能混用威士忌酵母，和壽命較短且效率較差的啤酒酵母一起發酵，反而能延長啤酒酵母的作用時間，讓最終的酒汁擁有更多豐富華麗的香氣。以此方式完成發酵的酒汁，香氣和口感如同不含啤酒花的啤酒，甚至連酒精濃度，都會是和啤酒很接近的 7％。此外，也有不少蘇格蘭或波本等威士忌蒸餾廠，會將此階段的成品當作啤酒銷售。

在麥汁發酵的過程中，液體表面會因發酵而產生大量氣泡和二氧化碳，待發酵接近完成、酵母作用即將結束之際，才由乳酸菌接手下一階段的工作。至於發酵槽木製和金屬製的質地差異，也不能光只考量保養維護作業的差異性，還牽涉到乳酸菌在木製發酵槽往往表現更穩定。

相較於不銹鋼發酵槽，木製發酵槽能讓酵母和乳酸菌形成更好的交互作用，從而更容易產出香氣更華麗豐富的酒汁。發酵槽的木材一般而言多與木製糖化槽一致，以北美黃杉為主，偶爾也可見到以北歐松木製成的例子。至於金屬製的發酵槽則多半以不銹鋼為主要材質，其中極少數蒸餾廠採用靜岡的杉木製成的發酵槽，如 Gaiaflow 蒸餾廠，讓人不禁好奇此材質最終將對酒的風味帶來何種影響。

發酵時間的長短，則會依季節和氣溫而有差異，一般多設定在四十八至七十小時之間，一般認為發酵時間愈長，酒的酸度也會愈高，不過也有蒸餾廠會同時將發酵時間分別設為五十六小時和一百一十小時進行比對實驗。對愛好者而言，如果有機會實際品嘗到這些做法差異帶來的影響，肯定會是很大的樂趣。

発酵槽
Wash Back

儘管木製發酵槽的管理非常困難，但也有人
認為能增加風味的深度。

藉由迴轉棒的攪動去除表面因酵母作用而產
生的大量二氧化碳和氣泡。

4. 蒸餾

將經發酵所得的酒汁再經罐式蒸餾器加熱，再將形成的酒精蒸氣收集液化成酒精濃度更高的液體，就是所謂的蒸餾過程。蒸餾用的銅製罐式蒸餾器儘管還有單式和連續式的分別，不過，麥芽威士忌的領域幾乎都只用到單式，這些單式銅製蒸餾器也是威士忌釀造最具象徵性的代表。

蒸餾器會設置在專門的蒸餾室，通常兩臺一組，由酒汁蒸餾器（wash still）搭配烈酒蒸餾器（spirit still）。不過，最早期的愛爾蘭或蘇格蘭的低地，三次蒸餾都曾經是主流，儘管如今只有歐肯特軒蒸餾廠（Auchentoshan）仍採三次蒸餾。然而，設置了三臺罐式蒸餾器的 Gaiaflow，或許未來有能力採三次蒸餾。

關於蒸餾器的頸部形狀也各有千秋。無收束就直接連結錐形頸部的稱為「寬頸式」，一處收束的稱為「燈罩頸」，頸部呈球形的則稱為「沸騰球式」。頸部的不同長短和弧度之差，不僅造就各種形狀，也會對酒的香氣口感帶來不同影響，可說是最能展現蒸餾廠個性的一環。

這些罐式蒸餾器的加熱方式又能分成以煤和瓦斯進行的直接加熱，或是以蒸汽進行的間接加熱，由於直接加熱難免會讓底部酒液有過熱的情形，因此，如今多數蒸餾廠都改採管理更為方便且不須擔心酒液過熱的蒸氣式加熱，但是直接加熱的酒液也可能為酒款增添焦糖類的焦香，因此此選擇無疑是酒廠的難題。

完成初餾後取出的酒液，會從酒精濃度約為 7％的酒汁狀態，提升至約 22、23％，其稱為低度酒。為了將這些低度酒提升至酒精濃度更高，約 70％，必須將低度酒再移至烈酒蒸餾器進行第二次蒸餾，之後所得的高酒精濃度液體，就是一般稱為新酒（new pot ／ new spirits）的威士忌原型，之後會置入木桶進行熟成。當然也有蒸餾廠會直接將新酒裝瓶，以特殊商品的方式販售，不妨可以將其視為燒酎的親戚。

由於二次蒸餾的初段往往揮發性較高且帶有刺激性，最末的濁段酒偏低的揮發性也往往會對風味帶來負面影響，因此，能用於桶陳的部分往往只有中間的酒心，初段和濁段酒則會另外收集。蒸餾工匠會透過稱為烈酒保險箱（spirits safe）的裝置，用裝在玻璃箱的溫度計和酒精比重計判定初段與濁段酒的分界，相關的裝置操作和判斷，更是蒸餾工匠展現技藝的關鍵。

宮城峽和余市兩家蒸餾廠，會在每年日本新年期間，
於蒸餾器繫上日式繩結裝飾以代表日本精神。

5. 裝桶

蒸餾後產生的新酒進入木桶培養前，還會以釀造過程同一水源的稀釋水，將超過酒精濃度 70％酒液，調整到 60％左右再入桶進行桶陳。一般用來進行桶陳的橡木桶，儘管統稱為木桶（cask），但又依不同的容量與形狀而有不同名稱。此外，以種類來分，波本威士忌的新桶一般會稱為「barrel」。空桶則更適合用來陳放麥芽威士忌，由於尺寸更小（180 公升）而多用於短期熟成。其他尺寸更大木桶則包括重量等於一頭豬的豬頭桶（hogshead，230 公升）、曾用於蘭姆酒但很適合威士忌長期培養的大桶（puncheon，480 公升），或是還有西班牙原本用於陳放雪莉酒的雪莉桶（480 公升），能在威士忌培養時為酒增添深厚的甜味，並為酒色添上深濃的紅色調。

一般而言，用來儲放新酒的木桶，仍以使用過的波本或雪莉桶為主。但這些曾經使用過的木桶，並非原封不動就直接使用，而會經過徹底的維修或調整，比方像三得利或 Nikka 就都有自家製桶廠，也會使用白橡木與歐洲橡木，甚至樹齡超過百年的水楢、櫻、杉等不同木材製桶，為酒增添獨特的風味。甚至也有像宮崎縣的知名獨立木桶工廠有明產業。

使用雪莉桶的歷史久遠，起源可追溯至私酒的全盛時代。當時最早的起源是為了逃避政府對酒所課的重稅，因此將烈酒藏在雪莉空桶裡，放在偏遠山區或荒地的洞穴或倉庫。孰料數年後打開這些木桶時才發現，原本無色透明的烈酒，經過數年後竟然吸收了木桶（歐洲橡木）及雪莉酒滲出的成分，不但帶著近似琥珀或糖果般的色澤，還增添了許多質地、風味與香氣，轉變成和當初存放時截然不同的酒。

因此，通常所謂的蘇格蘭威士忌風味，幾乎全都拜雪莉酒桶所賜。同時，雪莉酒桶還有絕佳的彈性與強度，堅韌厚重，號稱可用至少百年，同時含有豐富的單寧和酚類物質。另一方面，所謂的波本桶用的則是美國陳放波本威士忌的木桶。因為波本礙於法規，必須使用全新的橡木桶培養，因此這些只用過一次的橡木桶就被其他國家用來陳放威士忌，但材質仍是美國橡木。由於美國有許多樹齡超過百年的天然森林，也因此成為極具代表性的威士忌桶材，富含木質素和單寧，也很適合培養威士忌。

以側板、面板、金屬箍、鉚釘等構成的木桶，多是以易成形、不易斷裂的白橡木為材質，並根據熟成的目的選擇木桶。

不同於規定必須使用新桶的波本威士忌，蘇格蘭或日本威士忌則是經常以舊桶完成最終的風味。

6. 熟成

酒液在進入木桶後，存放在酒倉進行熟成的階段稱為酒倉熟成，並依木桶的堆積方式，又分為「堆疊式」和「層架式」。將木桶橫放堆疊成排，上方鋪上木板再堆放成排木桶的方式，稱為堆疊式酒倉，常見於蘇格蘭等地；據說，當初竹鶴政孝也堅持以此種方式安排酒窖，因此余市與宮城峽均屬三段堆疊式酒倉。

至於一開始就設置可以收納許多層的層架式酒倉，則常見於穀物或波本威士忌的酒倉，如麒麟旗下的富士御殿場就以此方式保管四玫瑰的舊桶。

一般而言，熟成酒倉偏好濕冷的氣候，山崎蒸餾廠所在地就有三條河川匯集，余市或厚岸則建在氣候多雪的海邊，信州的Mars蒸餾廠也選擇建在多雪的群山之間。

木桶中的酒液，在漫長的培養期間會透過木材逐漸蒸發，損失的酒液會使酒精濃度緩慢下降。因此，陳年環境愈高溫多濕，桶內酒液也會以更快的速度蒸發，熟成速度也會更快。

蘇格蘭地區每年減少的酒液約在 1 ～ 3％，但是到了日本，從北海道的余市到鹿兒島等地的蒸餾廠，每年消失的酒液比例則在 3 ～ 5％，若是在更高溫多濕的印度或臺灣，熟成速度雖然也會更快，但同時蒸發的酒液也高達 10 ～ 15％。

這些美其名為「天使分享」（angel's share）的耗損，其實更接近「天使抽佣」。一年 3％聽起來好像不多，但是十二年就等同 36％，更別說二十年了，年數愈高，蒸發的比例也愈高，光想像就令人惶恐……，難怪高酒齡酒款也往往伴隨著高酒價了。

在蘇格蘭，目前所有熟成都必須在酒倉進行，這是因為酒倉在稅務方面還兼具「保稅倉庫」的含意，其不僅是單純的熟成酒倉。這些屬於蘇格蘭政府財務部課稅對象的地方，因此也受到嚴密的監管，加上必須經過最少三年的熟成才能稱為蘇格蘭威士忌，否則就只能稱為「烈酒」。

日本對於威士忌，則沒有熟成時間的統一規範，標示出熟成期間的酒款更像是廠商以信譽對消費者所做的擔保。

此外，熟成酒倉對於日本而言沒有類似保稅倉庫般的嚴格監管，而是隨銷售課稅。

依烘烤程度、木桶種類、培養期間與酒窖環境等的各式條件，可以產出相當多元的原酒。

堅持將木桶以三段堆疊式存放的蒸餾廠，和強調效率而採層架式存放的蒸餾廠，將會對風味帶來什麼差異呢？

未解的「熟成」秘密：進口木桶
讓時間成為助力的儲藏魔法

有明產業株式會社

〒 612-8355 京都市伏見區東菱屋町 428-2

TEL：075-602-2233

http://ariakesangyo.co.jp/

有明產業株式會社
董事長
小田原伸行

目前日本唯一在宮崎縣擁有獨立木桶工廠的有明產業領導者。

有明產業都農製桶廠
廠長
鶴田博則

有明產業製桶廠最高負責人，年屆退休仍以旺盛活力全心領導製桶廠。

探究威士忌熟成關鍵的木桶奧妙
親訪有明產業位於宮崎縣的都農製桶廠

關於製造蘇格蘭威士忌的木桶，唯一的要求只有「必須使用橡木」。相較之下，規定必須使用新桶熟成兩年的波本威士忌，則帶有更多源自木桶的香氣口感。熟成期間更長且緩慢的蘇格蘭威士忌，則是選用已經裝過其他酒類的木桶。至於材料為什麼必須是白橡木，首先是因為這種木材不易滲漏，堅韌耐用的程度甚至可達百年之久。此外，還能萃取出香草、杏仁與可可等香氣，並富含酚類物質。

加上西班牙、法國、北美與日本等地的橡木各有特點，蒸餾廠因此可以選擇以不同的木材培養，進而決定最終威士忌的風味。

例如，有明產業的技術人員就將各種雖然能提升效率，卻也會殘留化學成分的合成橡膠、黏著劑等用量降到最低，盡可能以傳統的方式製桶，試圖以專業技術堅守木桶熟成帶來的風味變化。

本次我們來到專門製造木桶的有明產業，除了參觀木桶的製造過程，還試著為威士忌熟成過程不可或缺的木桶，找出相關疑難雜症的解答。

	烘烤名稱	烘烤程度	單寧含量	主要香氣
1	L	★	★★★★★	清爽木系
2	MO	★★	★★★★	香草、巧克力
3	M	★★★	★★★★	香草、巧克力
4	M+	★★★★	★★★	烤杏仁
5	MLO	★★	★★	奶油麵包捲、牛軋糖
6	ML	★★★	★★	奶油麵包捲、牛軋糖
7	MLT	★★★★	★	焦糖、可可

1. 含水率高達 40～45％的美國白橡木原材料，必須先靜置直到水分降至 30％，並且在含水率僅13～15％的階段，才能達到不漏液且不斷裂要求。2. 木材接著切割成條狀。3. 用來烘烤木材內部的烤爐。4.5. 加工前去掉的多餘碎角材也會留著再利用。蘇格蘭的製桶廠多半是以瓦斯槍燒烤。6. 以烤爐燻烤木桶內部。

1. 讓木桶成型的暫用金屬箍。2. 以金屬箍將三十二至三十四片白橡木材組成橡木桶粗胚。3. 將烤爐置於成型的木桶粗胚底部，準備烘烤木桶內部。此種會產生高溫的工作在夏季尤其是苦差事。

編輯部：第一個問題是，為什麼威士忌或葡萄酒所用的木桶與裝日本酒的木桶截然不同，要做成這種中間隆起、兩側收縮的形狀？

鶴田廠長：這種西洋式木桶的形狀，應該是基於更易於搬動、更耐用，加上表面積更廣、更容易吸收木桶的影響，熟成過程中酒精在桶內也更容易對流等考量。日式杉木桶則因為一般只用來添加酒香，因此只須耐得住兩周左右的使用期便已足夠，西洋式木桶則是做成可以耐用達百年之久。因此，儘管日本的木桶熟成燒酎也必須用到西式木桶，但因為廠家多半希望能盡快萃取出木桶風味，以推出商品，因此一般多以三年為使用週期，木桶因此較易受損。

編輯部：說到燒酎用的木桶，想請教有明產業的木桶在威士忌、葡萄酒與燒酎的使用占比約為多少？

鶴田：敝社的木桶有九成屬於燒酎用木桶，其餘才是用於另外兩種。由於國內的主要威士忌生產者都早就擁有自家的木桶生產線，如三得利與 Nikka，因此敝社的產品主要是提供給其他的小型生產者。

編輯部：為什麼燒酎很少有像蘇格蘭威士忌或白蘭地的長期木桶熟成酒款？

鶴田：早期為了保護國內小規模燒酎生產者不被進口洋酒及國內大企業淘汰，因此訂出了燒酎必須只經一次蒸餾、透視度在 0.008 以內的法律規範。不過，由於英國的柴契爾首相當時認為「日本這項保護蒸餾酒的法律太可笑，必須降低進口關稅！」希望能藉此提升威士忌和白蘭地的銷量，才有爾後的大幅降稅，最終讓曾是超高級商品的各種洋酒，成為一般人可以享受的飲品。但在此種狀況下，有能力的燒酎生產者想要開始在國內外販售陳年二、三

十年以上的酒款時，這些不合時宜的稅制反而成了無謂的限制。

編輯部：過去一直認為燒酎只有陶甕熟成。

鶴田：沖繩燒酎基本的確是以陶甕熟成，但時至今日，也有許多家開始使用木桶熟成的例子，國內約有 15% 是以木桶熟成。

編輯部：接下來，可否請您說明木桶的製造工序？

鶴田：白橡木通常一開始的水分含量約在 40～45%，裁切為木材之後的水分含量則降到約 30%，再經過乾燥至 13～15% 才是能製成木桶的最佳狀態。這個階段會用最高等級的蒸餾廠等級木材，以三十二至三十四片木材組合成型，同時必須一邊加熱使木材逐漸彎曲成形，組成高 112 公分、直徑 88 公分、開口 77 公分、重 118 公斤的木桶。桶內還會經過燻烤加工，讓木桶可以在培養過程提供酒所需的各種顏色和香氣。此外，因為我們所用的側板厚度充足，因此可供兩次加工。

編輯部：請問日本國內共有幾家像是有明產業的獨立桶廠？

小田原董事長：三得利、Nikka 等主要酒廠都擁有自家木桶生產線，此外的獨立桶廠則曾有過四家，現在則只剩下在九州最晚加入的我們。由於九州有較多燒酎生產者，因此在木桶保養和木桶需求都能保持一定數量。

編輯部：真是抱歉，過去一直認為燒酎只有陶甕熟成。

小田原：現在的燒酎酒廠甚至會進口 350 公升的白蘭地空桶熟成燒酎，另外，法國 225 公升的葡萄酒桶、西班牙 500 公升的雪莉桶、美國 200 公升的波本桶等都有進口。本社所產的木桶容量，從家庭用

4. 正式箍緊金屬箍時會需要借助機器的力量，因為木材具有彈性，必須施加很強的力量。5. 兩側的底板也須經過燻烤。6. 檢查底板是否正確地嵌入木桶底部。

的 5、10、18 公升，到營業用的 450 公升都有生產，因此一般消費者也能買到家庭用的木桶尺寸，然後將買來的威士忌或燒酎放進桶內，進行自家熟成。特別是一些價格便宜的威士忌或燒酎，在這些經燻烤的木桶放上幾個月之後，往往能更增添風味口感。

編輯部： 真想買桶子，能自己在家培養威士忌真是太棒了。

小田原： 不過，很抱歉，目前這類木桶已經停產了。

編輯部： 我在歐肯特軒蒸餾廠看到的波本桶內部，木材有近一半都是焦的。

小田原： 是，波本桶因為只有三年的短期熟成，因此要達到增色、添香的效果，必須施以重度的鱷皮狀燒烤。

鶴田： 波本桶一般會燒烤到八成的重燻烤，這是最能萃取出白橡木風味的燒烤程度，日本一般則只會燒烤到四或六成。

編輯部： 另外想請教一點，製桶工序中所謂的碳化處理（charring）和烘烤處理（toasting）之間有何差異？

鶴田： 一般用在威士忌或燒酎等蒸餾酒用的熟成，稱為碳化處理，也就是將木桶內部燻烤到幾乎如同木炭的碳化工序。用於葡萄酒的木桶燻烤，則一般稱為烘烤處理，更強調加溫與燻烤，烘烤程度可分為七種，如輕（light）、中輕（medium light）、中度（medium）等。這些燻烤程度除了能影響單寧的程度外，也能影響香氣的強弱與類型，如從木系、香草、巧克力與杏仁，到焦糖和可可等。葡萄酒木桶木材通常也更纖細，只能選用最頂級的前三成木材。通常以平行木紋的方式取材的白橡木，帶有香

草或蜂蜜的芳香，此為威士忌培養過程中的重要木材。法國的葡萄酒廠則是只取最佳木材。

編輯部： 想請教，如果威士忌的風味濃淡可以由製桶工序的燻烤濃淡程度調整，那麼，「皇家起瓦士」或「初創威士忌」等最近流行以北海道水楢桶熟成的酒款，雖然此風味也確實頗受日本人歡迎，但到底水楢桶實際上能帶來什麼風味？

鶴田： 我們已經從北海道的木材公司所擁有的森林中，精挑細選出樹齡兩百年的水楢木，目前正在製桶。被認為帶有香木、白檀木的香氣，成品應該很快就會上市。

編輯部： 關於進口木桶，這些木桶來到日本時通常是什麼狀態？

鶴田： 木桶進來時通常已經是完成的狀態，不過國外的製程不比日本嚴謹。由於各蒸餾廠都有專門的工匠負責維修，因此漏酒等問題也很常見。至於進口來的木桶，我們當然必須先妥善整理，解決漏酒或木材破損等問題才能販售，此外，由於日本有酒色的規範，因此較少使用短期熟成的波本桶。甚至連雪莉桶，日本國內都沒有很積極地使用，因為國稅局曾質疑這種作法「有混入雪莉酒的嫌疑」，所以日本酒廠通常很少使用雪莉桶培養，直到近年，這種觀念才逐漸改變，也才有更多酒廠開始使用。

編輯部： 非常感謝貴社公開許多秘辛，讓我們距離解開蒸餾酒誕生之謎又更近了一步，非常感謝。

日本獨特工藝，以香蒲葉防止滲漏

1.2. 進行碳化處理的溫度可高達攝氏 800 度。3. 進行燻烤工序時木桶內部的狀況，木材呈輕微炭化的黑色。4.5.6. 特別委託鹿兒島農家栽培的香蒲葉，是日本用來防止木桶滲漏的獨家技術，可以完全不用任何黏著劑。市坪英敏先生就是這方面的專業工匠，國外則多以小麥糊填補。7.8. 以暫時性的金屬箍粗箍成形之後，還會換上不銹鋼製的金屬箍。9. 已經接近完工的新桶，之後還要刨修掉木材表面的細微不平整。

目標就是耐用、不漏、不添加

10. 進一步打磨桶蓋連接處的木桶表面。**11.** 平均地在木桶上嵌入固定用的不銹鋼箍。**12.** 用釘子鎖住不銹鋼箍。**13.14.15.** 對幾乎完成的木桶進行最終檢查，並進行最後的細微調整以提升完成度。**16.** 在木桶注水，進行漏液測試。**17.18.** 由於木桶可能順著木紋自然滲漏，因此會等待二十四小時後，再度進行檢測。**19.20.21.** 首先確認木紋的方向，以錐狀金屬在滲漏處尋找漏洞、擴大漏洞，並在滲漏處釘入硬質木材，再從木桶表面去除多餘的木材，打磨表面至平整才算完成。過程一律不使用黏著劑等任何化學藥劑，此地生產的木桶約九成五都是供燒酎熟成。

日本
威士忌蒸餾廠

自從壽屋在山崎創設了日本第一座真正的威士忌蒸餾廠之後，接著就是竹鶴政孝在北海道的余市蒸餾廠；宛如他夢中的蘇格蘭坎貝爾鎮，以大日本果汁株式會社的名義設置蒸餾設備，開始了威士忌蒸餾。

至於釀造調和威士忌不可或缺的穀物威士忌釀造設備，則是由三得利在知多，以及 Nikka 在仙台的宮城峽，建設了相關蒸餾廠。爾後，三得利又創設了白州蒸餾廠，從此，兩大威士忌酒廠都有了兩間以上的單式蒸餾器和生產穀類原酒的工廠，得以釀出各種多元風味的威士忌。

接著，麒麟在富士山腳也建設了近代化的蒸餾廠，開始生產威士忌。

近年來更因為全球的威士忌需求持續上升，日本各地也開始出現更多蒸餾廠。可以想見，未來的日本威士忌發展也將持續引人矚目。

白橡木威士忌蒸餾廠（江井之嶋酒造）

山崎蒸餾廠（三得利）

Mars 津貫蒸餾廠（本坊酒造）

余市蒸餾廠（Nikka Whisky）

厚岸蒸餾廠（堅展實業）

Mars 信州蒸餾廠（本坊酒造）

宮城峽蒸餾廠（Nikka Whisky）

額田蒸餾廠（木內酒造）

秩父蒸餾廠（初創威士忌）

白州蒸餾廠（三得利）

富士御殿場蒸餾廠（麒麟蒸餾）

靜岡蒸餾廠（Gaiaflow）

日穀知多蒸餾廠（三得利）

SUNTORY YAMAZAKI DISTILLERY
三得利山崎蒸餾廠

地 址	〒618-0001 大阪府三島郡本町山崎 5-2-1
交通方式	【電車】JR京都線「山崎站」、阪急京都線「大山崎站」徒步 10 分鐘。 ※ 停車場僅供團體大型車、身障人士使用。
營業時間	年底、年初、工廠修業日以外的每天。10：00～16：45，最後入場 16：30。
參觀方式	「山崎蒸餾廠之旅」（收費、須預約、含試飲）：費用 1,000 日圓，需時約 80 分鐘。 「The Story of Yamazaki」（收費、須預約、含試飲）：費用 2,000 日圓，需時約 100 分鐘。 「山崎威士忌館參觀」（免費、須預約）：山崎威士忌館、禮品店、試飲區之參觀。

TEL：075-962-1423（洽詢、預約）
http://www.suntory.co.jp/factory/yamazaki

日本威士忌文化的發祥地

位於京都和大阪之間的「山崎蒸餾廠」，不只是日本正統威士忌的原點，也是日本歷史最悠久的麥芽威士忌蒸餾廠。

如今，由於「山崎」在全球威士忌愛好者之間的高知名度，前往蒸餾廠參觀的群眾也有許多外國訪客。往往提早數個月前就開放的網路預約，都經常一釋出就預約額滿，受歡迎的程度可見一斑。然而，三得利的前身壽屋，早在日本人還完全不知威士忌為何物的年代，就在山崎蒸餾廠推出了第一款國產威士忌「白札」。然而，1929 年推出時打著「拒絕舶來品」口號的「白札」，卻在當時受到有「焦臭味」與「煙燻臭味」等等惡評而完全滯銷。翌年推出的「赤札」、1932 年推出的「特角」，在銷售方面也都極不理想，結果當時還因資金不足，使得酒廠有好一段時間都無法釀製新酒。反觀今日盛況和高人氣，真不知道當時營運酒廠的先人做何感想。

1923 年，壽屋創業社長的鳥井信治郎邀請曾在蘇格蘭學習威士忌釀造的竹鶴政孝，創建生產國產威士忌的蒸餾廠。儘管竹鶴主張將蒸餾廠設在與自然環境更類似蘇格蘭的北海道，鳥井卻堅持設在自己親自調查後選定的現址。最主要的關鍵因素，除了優先考量到釀造威士忌時不可或缺的水源，因當地曾是名茶師千利休特別鍾愛的水源地，還特別為極盡茶道在當地特設「待庵」茶室，當地自古就是以水質優異聞名。此外，本地還是桂川、宇治川、木津川三條河川匯流之地，多霧的環境也很適合原酒熟成。再加上鄰近大都市，可減省產品運輸成本。由此可見鳥井身為創業經營者的不凡資質。這座蒸餾廠建設耗資 200 萬日圓，終於在 1924 年 11 月 11 日竣工。竣工翌日，就開始進行製麥、發酵、蒸餾等工序，產出了無色透明的新酒，是為純國產正統威士忌的誕生。今天 Nikka 的「余市蒸餾廠」附設博物館內，還完好保存著竹鶴當時畫的設計圖。

另一方面，連相當理解鳥井信治郎先見之明的公司高層和親友，當時無一不激烈反對建設蒸餾廠。那是眾人都認定蘇格蘭之外不可能產出正統威士忌的時代，而鳥井不只想要產出日本全無經驗的威士

山崎蒸餾廠的主要道路屬於國有道路，沿此路上行可見竹林和湧泉，上方更設有神社，據說當年鳥井信治郎就是因為此地的風土和軟水酷似蘇格蘭的羅賽斯（Lossiemouth），才決定選擇此地為日本最初正統威士忌蒸餾廠廠址。

從山崎蒸餾廠附近的高臺眺望，就能望見桂川、宇治川、木津川三川在此合流，流入大阪市成為澱川。三條河北側有天王山，由於三條河的水溫各不相同，因此在合流之際往往會形成霧，使得此地不但很適合讓酒倉的原酒陳年，地理位置也占有連接京都盆地和大阪平原的交通要道。

忌，還須在蒸餾廠建設投注巨額資金。

即便當時公司的暢銷產品赤玉波特酒的銷售相當不錯，對於這項可能賭上公司命運和員工生活的投資，鳥井心中應該仍是相當猶豫，不過，最終他還是秉持「絕對有可能做出符合日本人口感的威士忌」的信念，而將計畫付諸實行。

蒸餾現況

相較於 1924 年竹鶴政孝擔任初代工廠長的時代，酒廠從發芽大麥都是在廠內自己處理，如今的山崎蒸餾廠則只處理堪稱威士忌骨幹的麥芽原酒等作業（不涉及穀類原酒的生產）。蒸餾器的規模也從早期的國產單式蒸餾器（寬頸罐式蒸餾器）的一組二座（初餾和再餾），在 2013 年又增設了兩組和創廠當時相同的蒸餾器後，成為如今共八組十六座的業界最大規模。不只是蒸餾器的頸部設計（如寬頸、沸騰球頸等）、加熱方式（綜合了直接和間接加熱等方式），甚至透過組合不同容量的酒汁蒸餾器和烈酒蒸餾器，盡可能產出風味各異的原酒。就連蒸餾器使用的銅板都因為會隨著使用年限愈長而愈薄，必須在使用數十年後進行更換。

如此產生的各種風味麥芽原酒，則成為三得利旗下從頂級到一般等級各種類型酒款的主要骨幹。如果少了多樣化的原酒，釀造威士忌總指揮的調酒師就算功力再高，也是巧婦難為無米之炊。

想要產出風味各異的多元原酒，不只牽涉到所用的蒸餾器種類，其他如原料麥芽的糖化過程、發酵過程等也都有很大影響。比方糖化時所用的糖化槽，該廠儘管也和世界其他蒸餾廠一樣，用的是有蓋且附自動攪拌裝置的不銹鋼槽，但尺寸特別龐大。

完成糖化後的發酵過程中，酒廠對發酵槽也有所講究，不只使用更容易清潔管理的不銹鋼槽，也特別採用保溫和保濕效果更佳、更適合乳酸菌附著，從而帶來更複雜風味的木製發酵槽。

熟成

完成蒸餾後所得的烈酒還須經過木桶熟成，而山崎蒸餾廠的熟成酒倉木桶排列方式，不使用以利盡可能堆高的層架式，而是將木桶堆疊成三至四排的堆疊式。

熟成所用的木桶除了使用以白橡木製成的大桶（puncheon，容量近 500 公升的最大型木桶），還併用西班牙橡木製成的雪莉桶（480 公升）、白橡木製成的波本桶（180 公升）、以波本桶重製並將容量增量約兩成的豬頭桶（hogshead），以及最能彰顯日本威士忌特色的獨特水楢桶。其中以白橡木製成的新桶都產自位於「白州蒸餾廠」的製桶工廠，波本桶則是從三得利在 2014 年收購的美國金賓（Jim Beam）進口曾用來陳放旗下不同品牌威士忌的舊桶。

山崎曾經在蒸餾廠內自行處埋麥芽，如今則完全委託國外專業麥芽廠處理，並指定麥芽所需的泥煤濃度。蒸餾廠則只將麥芽粉碎後就能加入來自天王山的地下水，開始在糖化槽進行分解澱粉的工序。

經過濾的麥汁會移至發酵槽，添加酵母後使糖分分解，形成酒精和二氧化碳。這個過程會受到酵母種類、發酵條件影響，最終形成發酵酒汁。發酵槽則有木桶和不銹鋼桶兩種，分別用來產出不同類型的原酒。

發酵後的酒汁會在不同形狀的罐式蒸餾器內進行兩次蒸餾，經由不同大小、頸部形狀和弧度的蒸餾器後，從烈酒保險箱得出無色透明的新酒（new pot／new spirits），此是威士忌骨架和香氣的架構原型。

透過形狀、大小不同的各種罐式蒸餾器，進而得以產出風味各異的原酒。這種能產出各異風格原酒蒸餾器的做法，即便放眼國際都相當罕見。不只如此，山崎還為了滿足未來將更加高漲的原酒需求，在 2013 年又增設寬頸和沸騰球頸初餾與再餾各兩座蒸餾器。

入桶等待熟成的新酒會因為木桶的形狀、材質、酒倉儲存位置和氣候風土，產生複雜的變化。這些所謂時間的魔法，正是因為仍有科學未能解釋的謎團，才讓熟成被視為魔法。近年來除了山崎蒸餾廠以外，酒廠也於 2014 年在滋賀縣東近江市增設近江陳年酒倉，讓陳年的原酒數量可以增加一成，以配合需求穩定供應原酒。

此處是天王山地下水源經竹林而湧出的地點，放眼盡是一片日式風情。這也是山崎蒸餾廠生產新酒所使用的珍貴水源。

這些木桶由於種類和在酒倉擺放位置不同，會讓原酒在熟成過程有不同的進程和香氣，同一批新酒在香氣和口感會因此產生巨大的變化和差異。三得利約擁有百萬桶的原酒，擁有日本特有香氣的水楢桶只占極小的百分比。

數量如此龐大的熟成原酒因木桶位置、種類、特徵以及不同熟成年數產生的各異性格，都有賴調酒師透過日常不斷檢查、試酒而精確掌握。如果說熟成是一項永遠未完的工作，那麼調酒師這些細緻的日常作業，也是永遠沒有終點。

山崎蒸餾廠雖然擁有十二座罐式蒸餾器，但仍在 2013 年增設了四座，並在該年 10 月啟動生產。生產力因此提升約四成，耗費約 10 億日圓。產出的新酒會進一步在葡萄酒桶、雪莉桶、波本桶等木桶，經不同熟成期與不同的酒倉大小，得出風味各異的豐富原酒。不僅能解決原酒稀缺的問題，還能更豐富酒款的可塑性。

為了滿足全球各地的訪客，該廠特別設置了威士忌博物館，透過各種實物展示，讓參訪者更瞭解威士忌的生產過程。當然也包括各式獨有的酒款和紀念品。

歷年各種原酒的樣品展示，不難看出該廠所擁有的原酒，在色澤與類型等方面的豐富程度。

三得利白州蒸餾廠

地　址	〒408-0316 山梨縣北杜市白州町鳥原 2913-1	TEL：0551-35-2211 http://www.suntory.co.jp/factory/hakushu/
交通方式	【電車】JR 中央本線「小淵澤站」，搭計程車約 10 分鐘。 3 月下旬～12 月週六、日與假日，有免費巴士，約 15 分鐘。 【車】中央自動車道「小淵澤 I.C.」，約 15 分鐘。	
營業時間	年底、年初、工廠修業日以外的每天。9：30～16：30，最後入場 16：00。	
參觀方式	「白州蒸餾廠之旅」（收費、須預約、含試飲）：費用 1,000 日圓，需時約 80 分鐘。 「The Story of Hakushu」（收費、須預約、含試飲）：費用 2,000 日圓，需時約 110 分鐘。 「場內參觀」（免費、須預約）：威士忌博物館、禮品店、白州 BAR、餐廳等。	

深林中的蒸餾廠

對於想要持續以較廣產品線發展的三得利而言，在 1970 年代於既有的「山崎蒸餾廠」多元原酒之外，再增設新蒸餾廠生產風味截然不同的原酒，可說是免不了的必要之舉。因此，1973 年，三得利在生產威士忌的五十週年之際，設立了第二座「白州蒸餾廠」。這座蒸餾廠被稱為「深林中的蒸餾廠」，這不只是酒廠的宣傳口號，更貼切地描繪出蒸餾廠的性格和氛圍。位於山梨縣北杜市白州町的環境條件（成立當時稱為山梨縣北巨摩郡白州町），讓蒸餾廠不只位於標高 700 公尺的南阿爾卑斯「鳳凰三山」山麓，成為少數有如此標高的蒸餾廠，也和東北地方南部一樣，擁有罕見的氣溫，平均最高氣溫為攝氏 28 度（八月），最低僅 4.5 度（一月）。

對於威士忌蒸餾廠來說不可或缺的優質水源方面，此蒸餾廠則有流經南阿爾卑斯的石灰岩層和花崗岩層的溶融雪水和雨水，構成硬度僅 30 的軟水（硬度介於 0～60 的軟水，是公認最適合釀造威士忌的水源）。此外，廠內還設有天然水裝瓶工廠，廠區全域廣達 25 萬坪的範圍內，均屬於良質水源的保護區。周圍還有約 54 萬坪的廣闊森林，周圍環境能常保持濕潤，也難怪被稱為「深林中的蒸餾廠」。廠內甚至設有賞鳥區，用意也在於維持周圍良好的自然環境。

「白州蒸餾廠」除了進行麥芽原酒的蒸餾，也在 2010 年增設調和威士忌的必備穀類原酒蒸餾設備。此外，還結合了製桶廠、酒倉等完成威士忌生產的一系列設備，打造出與山崎蒸餾廠不同的發展方向。例如，廠內在森林深處，設立了儲存玉米、裸麥與大麥等穀物原料的二十三座巨大筒倉。有趣的是，竟然連如此龐然大物都能巧妙地融入周圍環境，絲毫不顯突兀。另外，在蒸餾廠建築群還有一座擁有兩個煙囪狀尖塔的建築，這就是廠內的威士忌博物館。如今，不論山崎或白州，所有三得利蒸餾廠都是委託歐洲專業麥芽廠代為生產麥芽，並由廠方指定所需的麥芽品種、有無泥煤，甚至詳細地以 ppm 數值指定烘燻泥煤的程度。

建於群山之間、能遠眺南阿爾卑斯駒之岳的白州蒸餾廠，是名符其實的森林蒸餾廠。
以當地流經南阿爾卑斯天然地下水製成的原酒，更有著不同於山崎蒸餾廠華麗厚重風
格的輕快舒爽。

此為廠內巨大的不銹鋼糖化槽，本廠所用的釀造水源，是耗費漫長時光流經南阿爾卑斯山脈的優質地下水。

廠內共有十八座木製發酵槽，不只有絕佳的保溫性，木頭材質也是適合乳酸菌生長的環境，藉此確保產生風格各異的原酒。

木材的講究

關於麥芽原酒的蒸餾，首先必須讓麥芽在超大型不銹鋼糖化槽完成糖化，再移至發酵槽進行發酵。該廠共十八座發酵槽全採用木製，白州蒸餾廠也沒有設置不銹鋼發酵槽。發酵槽整體以巨大的花旗松打造，深度甚至可達 4.7 公尺，去除木節後輔以木栓，並施以防水加工。打造這些木槽相當費時費工，再加上完全不能使用釘子，只靠外層的鐵箍固定，因此木槽完成後還須泡水一週，讓木材吸飽水分完全膨脹，才算完成防漏工序。相較於更易管理保存的不鏽鋼槽，木槽在使用和維護的效率方面確實都遠遠不及。

那麼，為什麼還要刻意選用難以使用又難保養的木槽？這是由於木槽的保濕及保溫效果更佳，更容易維持在酵母易於作用的溫度，是以賦予發酵麥汁更多複雜的香氣。此外，木槽也更有助於環境中的乳酸菌作用，讓「白州」酒汁因此帶有特殊的香氣。這些周圍環境特有的乳酸菌，讓「白州」因此帶有與眾不同的獨特風味，也讓白州贏得「來自森林的威士忌」之美名。發酵時間約三天，夏季則會讓溫度降至約攝氏 20 度再開始發酵。

罐式蒸餾器的現況

該蒸餾廠在 1973 年設立時，用的全是燈罩頸式蒸餾器，如今則已經停用，六對十二座蒸餾器全留在蒸餾建築作為珍貴的器物保存。

至於酒廠目前使用的蒸餾器，則是混和不同容量大小的八對十六座，形狀則有寬頸式和燈罩頸兩種，但並沒有山崎採用的沸騰球式。另外，在加熱方面，初次蒸餾的酒汁蒸餾過程，採用的是攝氏 1,200 度直接加熱，二次蒸餾的烈酒蒸餾過程，則是以蒸汽間接加熱。

蒸餾器的頸部形狀方面，沒有凹凸曲折的寬頸式，能讓酒汁在加熱成為蒸氣的過程中直接貫通，因此在到達冷凝器後再度液化之際較難去除雜味，而往往生成更厚重且帶有複雜香氣的烈酒。相較之下，內部呈凹凸曲折的燈罩頸類型，蒸氣往往會停滯在凹凸的部分而非直接上升，使得酒中構成複雜香氣的成分更容易和蒸氣分離，結果就是能得到更清爽、輕快、風格鮮明的烈酒。

因此，即便是同樣的發酵麥汁也能因為使用蒸餾器的種類、容量等差異，而生出風格各異的烈酒。

初溜
The First Distillation

再溜
The Second Distillation

白州蒸餾廠內共十六座罐式蒸餾器一字排開的壯觀景象，左側八座為初餾，右邊八座則用於二次蒸餾。這些蒸餾器不只在容量上不同，林恩臂（Lyne Arm）的角度也各異，形狀也分為寬頸式和燈罩頸兩種。蒸餾器全開時廠內充滿熱氣。此外，廠內也設有簡易式的連續式蒸餾器，能產出酒精濃度 60％的新酒。

雖然仿效麥芽窯的塔形屋頂設計僅是為了美觀，沒有實際作用，但是遠遠便得以望見的這座
屋頂，仍成為白州蒸餾廠的象徵，就連在許多海外的威士忌迷之間也都有高知名度。

罐式蒸餾器的形狀分為寬頸式和燈罩頸,以初餾和再餾的兩次蒸餾,分別蒸餾出以直接加熱的強勁風格,以及間接加熱的穩重風格。共同架構出白州在標高 700 公尺的環境下特有的纖細柔順酒款。

ホワイトオーク樽
（バーレル／
ホッグスヘッド）
原酒　　　　ヘビリーピーテッド　シェリー樽原酒　　白州12年
原酒

熟成

　　這些經過不同的製造過程產出的風味
各異新酒，最終還會進到木桶、豬頭桶、
大桶等不同類型的木桶熟成，再經歲月洗
禮終於成為可供調配用的麥芽原酒。至於
木桶的排列方式，主要則採用能盡可能多
層堆高的層架式，針對酒精濃度較高的新
酒，則是會先經加水，再進行熟成。

　　這些依據不同木桶類型而以不同速率
熟成的原酒，也因為數量龐大而管理頗為
困難。例如，單是白橡木桶，就能再分為
新桶、曾用來陳放波本的中古桶，或容量
加大的豬頭桶等等，就連以西班牙橡木製
成且曾用來陳放雪莉酒的雪莉桶，也還可
以分為大型融合桶（vat）與大桶等，再加
上新酒風味也有從無泥煤到重泥煤等，有
香氣複雜口感厚重的，也有香氣淡雅口感
清新的等形形色色。管理數量如此龐大的
原酒，或許對任何一家外國蒸餾廠來說都
難以想像，但是三得利卻靠著這套獨特的
做法，才有辦法僅仰賴自家公司的原酒，
就產出從單一麥芽到調和威士忌等的性格
各異的酒款。

　　熟成酒倉的溫度也接近當地平均氣
溫，從夏季八月最高僅攝氏 28 度，到一
月最低攝氏 4.5 度左右，因為有森林環
繞，全年降雨量約 1,140 釐米，坐享溫和
濕潤的熟成環境。

上圖由左到右分別是經豬頭桶培養的原酒、50 ppm 的重
泥煤原酒、經雪莉桶陳的原酒，從照片中不難看出外觀
有明顯的不同。三得利因此得以在擁有山崎蒸餾廠、知
多穀物蒸餾廠、白州蒸餾廠的狀況下，產出極為豐富的
原酒供威士忌調配。三得利的調酒師也因此能從中選出
不同客群所需的原酒。

左起依序為木桶（barrel，直徑約 65 公分，長約 86 公分，容量約 180 公升）、豬頭桶（hogshead，直徑約 72 公分，長約 82 公分，容量約 230 公升）、大桶（puncheon，直徑約 96 公分，長約 107 公分，容量約 480 公升），最右則為雪莉桶（直徑約 89 公分，長約 128 公分，容量約 480 公升）。新酒會因為培養的木桶不同，變幻出風格迥異的風味，讓人實際感受到「活生生木桶」的力量。

左邊的木桶因為培養時間較短，酒色因此較淺。右側木桶則可以看出燻烤過的木桶風味融入酒中，酒液也呈更濃郁的咖啡色。另外，也能看出右側木桶「天使分享」的分量較多，蒸發掉更多酒液。

深林中白州蒸餾廠的熟成酒倉，在該廠產出的新酒都是以南阿爾卑斯的天然水稀釋，
之後才進入木桶緩緩熟成。

以銅為材質的罐式蒸餾器在經過數十年的使用後，銅壁會變薄而有所謂的使用期限，
白州蒸餾廠不將這些蒸餾器解體，反而做為歷史文物加以保存。

SUNGRAIN CHITA DISTILLERY
三得利日穀知多蒸餾廠

地 址	〒 478-0046 愛知縣知多市北浜町 16 番地	TEL：0562-32-6351
交通方式	—	http://www.suntory.co.jp/whisky/
營業時間	—	chita/
參觀方式	—	

穀類威士忌蒸餾廠

　　日穀知多蒸餾廠是三得利在 1972 年設立的穀物威士忌蒸餾廠。雖然同樣稱為蒸餾廠，本廠卻和其他蒸餾麥芽原酒的蒸餾廠截然不同。廠內用來釀造不同類型穀物威士忌用的是連續式柱式蒸餾設備，以全球規模來說仍算是相當罕見的龐然巨物。蒸餾廠位於愛知縣知多市，緊鄰知多半島的伊勢灣，距離名古屋港也相當近，從附近也有麵粉工廠就不難想見，這是一個以進口穀物為中心的港口，附近有許多專門進口大豆、小麥、玉米等穀物公司的倉庫，國外進口的穀物原料也能很順利地展開後續製造作業。三得利則在此處生產旗下的穀物威士忌「知多」，這也是該公司旗下相當特殊的酒款。儘管蒸餾廠規模龐大，但是廠內的工作人員卻只有約三十多位，因為不論是精密的溫度管理或保持穩定的品質，都能透過機械化的操作掌控。蒸餾設備一年當中只有八個月運作，但運轉期則是全天二十四小時持續運行，為了確保品質，廠內每年會分別在夏季及新年期間停工兩個月，進行完整的設備檢修。

穀物特有的蒸餾工序

　　由國外經海運進口的穀物，會先進入臨海的巨大倉庫儲存。這些穀物原料約有九成都是黃金玉米（yellow golden corn），剩餘一成則是玉米糖化所需的麥芽。蒸餾前的第一道工序，是先以攝氏 100 ～ 150 度的高溫熬煮這些原料，這也是穀物原酒和以碎麥芽加熱水攪拌糖化的麥芽原酒在製程方面的最大差異。之後，溫度會降至攝氏 60 度促進糖化，減壓後，糖化液會進入發酵工序，用三至四日的時間發酵到酒精濃度約 10％。待發酵完成，酒汁就會進入高達 30 公尺的巨大連續式柱式蒸餾器開始蒸餾。

　　可謂象徵著「知多蒸餾廠」特色的柱式蒸餾器共有六座，其中兩座屬於烈酒蒸餾器，其餘四座才是用來蒸餾威士忌。若是以 A、B、C、D 稱呼這些威士忌蒸餾塔，那麼，A 塔便是用於蒸餾酒汁；B 塔為抽出塔；C 和 D 塔則是精餾塔，能讓發酵酒汁的酒精濃度，從蒸餾前約 10％，一下提高到約 94％。此時，酒汁產生的蒸餾渣會再次回收做為燃料，透過這樣的回收，每年還能減少約 2 萬 5,000 噸的二氧化碳排放量。

　　透過四座蒸餾塔的組合，可以產出各種風味的穀物烈酒。目前蒸餾廠則能產出約三種不同的穀物烈酒。

　　A 塔（假如此為罐式蒸餾器）相當於初次蒸餾，發酵酒汁會在此進行第一次蒸餾，讓原本僅約 10％的酒精濃度，一下提高到約 80％。

創建於 1972 年的日穀，是三得利旗下以玉米為主要原料，專門生產穀物威士忌的一員。該廠產有原酒「知多」，並與麥芽威士忌調配成為「響」和「角瓶」等調和威士忌。

「知多」是一款風味輕盈的威士忌，酒標也特別配合此整體印象設計。

THE
CHITA
SUNTORY WHISKY

創建於 1972 年的知多蒸餾廠側景。一年運轉八個月，另外四個月則在進行每次為期兩個月的定期檢修。穀物殘渣約有一半會經乾燥製成燃料再利用。

直聳雲霄的巨大連續式柱式蒸餾器。左側兩座為蒸餾烈酒，右側四座則是用來生產調配用的穀物威士忌。

B 塔則是讓酒精濃度 80％ 的酒液先加水降至約 20％，然後再進行一次蒸餾，得出純度更高的酒液。屬於精餾塔的 C 和 D 塔，則可視為罐式蒸餾器的再次蒸餾。透過此階段，除了可以提高酒精濃度，還能取出純粹輕柔的風味，製出能突顯穀物原有風味的威士忌原酒。至於使用兩座精餾塔，則是為了更精確地調整酒款的風味和類型。

若只使用其中兩座精餾塔，可以製出風味較複雜、香氣成分更豐富的「厚重型原酒」（heavy type），若是使用三座精餾塔，則能製出比「厚重型原酒」更精餾的「中等型原酒」（medium type），若是四座全開，則能製出風味純淨的「純淨型原酒」（clean type），廠方因此得以按需求產出所需的原酒類型。

在屬於精餾塔的兩座柱式蒸餾器內，還有多達九十層的銅製隔板，這些上面布滿小型菇蕈狀凸起的隔板，稱為「bubble cap」。以銅為素材，雖然能夠去除酒精蒸氣所含的硫磺成分，但是由於銅的壽命僅有數十年，因此必須定期檢修替換。

穀物的風味

一般而言，穀物威士忌都是以玉米等穀物為主要原料，經過柱式蒸餾器蒸餾後，得出精餾度高，但同時也較欠缺個性且風味偏清淡柔和的原酒，因此也被稱為「無聲烈酒」（silent spirits）。相較之下，以大麥為主要原料的麥芽威士忌，就顯得香氣強勁華麗、風味深厚濃郁，兼有豐富的個性，因此有「喧囂烈酒」（loud spirits）的稱號。因此在以麥芽和穀物威士忌調配而成的調和威士忌中，穀物威士忌扮演的角色，就像是突顯麥芽威士忌特殊風味的空白畫布，讓最終成果的威士忌能保持均衡柔順。但是在知多蒸餾廠，即便同樣是穀物威士忌，都能透過試飲發現穀物威士忌也能擁有許多性格和風味口感。由於該廠位置恰好在白州蒸餾廠和近江熟成酒倉之間，因此該廠的穀物威士忌，也會分別送到這兩處進行熟成。讓原酒階段風味表現已經不同的穀物威士忌，再經過不同材質的木桶、不同的熟成環境培養後，成為風味更加繽紛多彩的穀物威士忌。

以在該廠實際品嘗不同穀物威士忌原酒的經驗而言，酒精濃度 50％、經波本桶熟成的「純淨型原酒」，儘管柔滑平順，但複雜度稍嫌不足，或許此表現正是如實反映精製度偏高威士忌的常見情況。至於同樣經波本桶熟成的「厚重型原酒」，就明顯帶有更豐富的麥芽類風味，具備更多成為威士忌風味核心的複雜香氣。此外，經「葡萄酒木桶熟成」的原酒，則具有豐富的甘甜濃密香氣，還能在加水之後展現輕快的水果風味，不難想像這些特質會在威士忌熟成後發揮更大影響。因此，儘管原本穀物原酒只如同襯托麥芽原酒的背景音樂，但透過不同釀造工序產出風味多樣的穀物原酒後，讓穀物威士忌也有了展現獨特性格的可能。

相較於罐式蒸餾器約數十年的壽命，柱式蒸餾器的壽命則為約二十年。這裡展示的是知多蒸餾廠已經壽終正寢的柱式蒸餾器內部構造，可以看到稱為「bubble cap」的隔板上，儘管已綜呈青綠色且有些變形，但仍有助於我們理解柱式蒸餾器的構造。

用船進口到日本的玉米和麥芽，會儲存在圖中這種高大的筒狀穀倉裡。每次製酒時，則會以輸送帶運送所需的用量到知多蒸餾廠。

由於柱式蒸餾器的實體相當龐大，為了讓訪客易於瞭解，知多蒸餾廠特別用縮小比例的模型展示穀類威士忌的各個釀造工序，同時展示蒸餾廠的全貌。

90％的玉米加上 10％促進糖化的大麥麥芽，會先經磨碎，再以攝氏 100 ～ 150 度煮沸。接著降溫到 60 度以下，再將糖化麥汁運入減壓塔。

シープトレイ

キャップトレイ

もろみ塔　　　　抽出塔　　　　精溜塔　　　精製塔

自左至右分別是酒汁塔、抽出塔、第一精餾塔、第二精餾塔。以酒汁塔搭配第一精餾塔可以製出厚重型原酒；酒汁塔搭配第一和第二精餾塔可以製出中等型原酒；四座全部使用，則可以產出輕柔型原酒。

經過糖化的原料會接著投入酵母，在發酵槽進行三至四日的發酵，過程中會產出二氧化碳與酒精濃度較低的酒汁。酒槽材質皆為不銹鋼。

清爽兼顧複雜

THE HAKUSHU SINGLE MALT WHISKY
白州

700 ml 43%

酒款印象

　　這款無年份威士忌是近年陸續停產的「12 年」、「17 年」等年份酒款的後繼者，既然已經沒有高年份原酒，我也只好欣然接受。對我來說，這款酒就算在酒吧裡喝個一、兩杯也沒什麼負擔，因此倒是可以很輕鬆地點來喝。

　　此酒酒色明亮淡黃，色澤比只在蒸餾廠限定販賣的「白州蒸餾廠」稍微淡些。儘管注入古典威士忌酒杯後的酒色並不明顯，卻也代表酒款應有淡雅清新的風味。也讓我認定這就是原酒因木桶培養而有的原色，香氣部分雖然能感覺到酒精的揮發感，但完全不刺激，口感也相當溫潤。隨著揮發感一起出現的則是蘋果、梨子，甚至巨峰葡萄乾等水果風味，在輕快的氣氛中並沒有明顯的風味主軸，口感混有些許薄荷感，但融入整體的泥煤味因此並不特別突出。還能感覺帶有一點木質風味。

　　口感的核心是混合了焦糖類甜香和焦味的穀物類甘甜，此外也有一些香料和帶來複雜感的苦味。後味則能感覺到泥煤風味，襯托出酒中的苦味、泥煤與澀味，收尾豐富複雜。

參考零售價 4,536 日圓／實際售價約 3,900 日圓

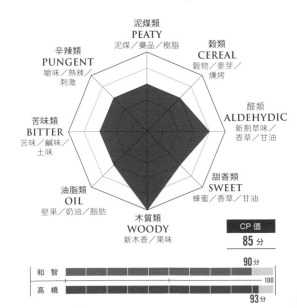

濃密立體的單一麥芽

THE YAMAZAKI SINGLE MALT WHISKY
山崎 12 年

700ml 43%

酒款印象

　　對業已成為日本威士忌代表，並在國際愛好者間也享有廣大知名度的「山崎」而言，由於在全球各地酒吧都已經是知名品牌，因此市面上也愈來愈難找到標有熟成年限的酒款。由於一瓶要價約 9,000 日圓的酒款已是極為稀有，因此某些專賣店甚至會出現高達 12,000 或 13,000 日圓的價格。打開蘇格蘭式的酒瓶鉛封，慢慢倒入我在山崎蒸餾廠買來的品酒專用古典威士忌酒杯，耳裡聽到咕嘟、咕嘟、咕嘟，這是愛酒人無法抵抗的美妙樂音，一不小心就倒了三份，也罷。鼻子還沒湊近，就已經聞到如同高級白蘭地的香氣，宛如在法國南部過完冬天的貴腐葡萄、熟透了的石榴、楓糖漿般的甜潤、市田柿的甜香。酒液入口至舌上，幾乎感覺不到酒精的刺激，這款酒幾乎可以説是人見人愛的日本威士忌，適切的優質口感，任誰都只能發出「好喝」的讚嘆。相較於明顯帶有類似白蘇維濃葡萄酒香的「白州 12 年」，山崎則帶有更多由苦味和酸度組成的複雜風味。儘管兩者之間並無優劣之分，只有喜好不同，偏愛清新爽利時選「白州」，想要感受更多複雜風味的夜晚則可以來杯風味華麗的「山崎」。

參考零售價 9,180 日圓／實際售價約 13,000 日圓

風一般的清爽宜人

THE CHITA SUNTORY WHISKY
知多

700 ml 43%

CP 值
70 分

酒款印象

三得利旗下唯一一款穀類威士忌「知多」，是產自「日穀知多蒸餾廠」的作品。三得利旗下所有調和威士忌中，其實都混入了該廠所產的穀類威士忌。「知多」則是調和了廠內所產三種穀類威士忌的單一穀物威士忌，就理解三得利調和威士忌的基本而言，是相當有意思的一款酒。

由於所謂的調和威士忌，是將以大麥麥芽為原料經罐式蒸餾器得出的麥芽原酒，加上以大麥之外的玉米、裸麥、小麥等其他穀類為原料，經柱式蒸餾器得出的穀類原酒調配而成的威士忌。用來蒸餾穀物威士忌的柱式蒸餾器，是一種由高度可達 30 公尺的蒸餾塔組成的龐然大物。知多蒸餾廠的柱式蒸餾器則是由四座塔組成的最新式巨大設備，可以將送進蒸餾器的發酵酒汁，透過連續蒸餾轉換為三種精度極高的不同類型原酒。儘管所謂的高精餾指的是蒸餾液因雜味極少（幾乎接近純酒精），是以能呈現極純粹的風味，但是知多蒸餾廠還能透過使用不同蒸餾塔的組合，產出三種不同類型的穀類原酒。並且透過混和兩塔蒸餾出的厚重型原酒（留有更多香氣和雜味）、三塔蒸餾出的中等型原酒（更重視酒液的均衡），以及四座全開蒸餾出的輕柔型原酒（最純粹澄淨的類型），調配出酒色呈淡金黃色的穀物威士忌。針對這款三得利推薦以高球方式加碳酸飲用的酒，我首先以純飲品嘗。雖然一開始可以感受到酒精濃度 43％的辛辣和刺激感，但隨即帶來穀物類的甜香和香草風味、梨子等水果類的爽口酸味，構成整體的風味核心。但整體而言，這並非具備深度的風味，我的形容或許聽起來有點矛盾，但這是一種讓人感覺厚度和質地的「清淡風味」。嚴格來說，雖然僅有穀物類的甘甜，但口中仍能感受到些微層次，不過或許稍顯單純。

加入冰塊後，風味中段產生了變化，穀物的甘甜和苦味隱約伴隨酒精的刺激感而來，儘管香氣仍然相對單純，但已能帶來長時間的享受。其實，加了冰塊之後，我大概喝了半瓶才為了測試和碳酸類的搭配，選用了三得利特別印有「知多」字樣的專用酒杯嘗試高球喝法。這似乎相當適合作為佐餐酒，但如果單純品嘗，可能就略顯不足。對我而言，可能會僅限佐餐專用。

參考零售價 4,104 日圓／實際售價約 3,400 日圓

		80分
和 智		
		100
高 橋		
		76分

調和威士忌
的最終武器

酒款印象

　　「響」為三得利調和威士忌的最高級酒款，如今也是具有全球知名度的頂級酒款。除了這支基本款以外，目前還有「17 年」、「21 年」與「30 年」，但是當初最早推出的其實是三得利 1989 年紀念創業九十週年，推出的「響 17 年」。隨著該酒款在 2004 年國際烈酒競賽（International Spirits Challenge）獲獎，幾乎每年都在全球各主要烈酒競賽囊括各式獎項。我至今所喝過的酒款只有「12 年」（幾乎喝光一弊瓶），這款酒在價格和品質方面幾乎沒有落差（儘管如此仍然所費不貲）。隨著威士忌風潮再起，某些特定桶陳的原酒庫存已經幾乎售罄，如今登場的是這款名為「日風諧奏」（Japanese Harmony）的無年份酒。儘管我對於過去嘗過的「響 12 年」的記憶已經相當稀薄，但還是盡可能地排除成見重新品嘗這款酒。

　　一般產量不會過高的無年份酒款，據說往往是以七、八年左右的原酒作為風味主軸，這款威士忌的熟成度和「12 年」果然略有數年的差異。

　　沿著古典杯緣升起的香氣，首先儘管有少許揮發感，且圓潤度稍有不足，略顯稜角，但對我來說，這樣的稜角反而是另一種不同於「響 12 年」的可喜突出。沒有什麼燻烤風味，而是帶著穀物類的甘甜，混和些許香料風味，還有香蕉、葡萄乾等隱藏著酸度的甘甜香氣。風味中段到後段，則浮現帶有更多香草和焦糖類的木質感，以及微微的巧克力風味。雖稍顯不夠落落大方，但是空了的瓶口還能聞到頗具特色的木質感（帶有焦糖的香草味），綿延不絕。加水後雖然甜味稍顯輕飄，但仍不影響整體均衡，然而口感卻也隨之淡薄。

參考零售價 5,400 日圓／實際售價約 4,800 日圓

HIBIKI SUNTORY WHISKY
響

700ml 43%

CP 值	
75 分	
	85 分
和 智	100
高 橋	90 分

船堅炮利型
旗艦酒款

SPECIAL QUALITY
Suntory Whisky
ROYAL
BLENDED WHISKY
THE FOUNDER'S IDEAL.

PRODUCED BY SUNTORY, ESTABLISHED 1899
PRODUCT OF JAPAN

700ml　　ウイスキー　　43%VOL.

SUNTORY WHISKY ROYAL
三得利皇家威士忌

700ml 43%

酒款印象

以日本鳥居神社形象為瓶塞主題的設計，是三得利創業者鳥井信治郎先生親自參與設計的最後一款酒瓶。直到「響」推出之前，這款酒一直都是三得利調和威士忌地位最高的高級威士忌。對我來說，這也是我從前只可遠觀而難以出手的高級酒，直到1995年，我才在洛杉磯某間超市發現這款酒竟以19.4美元銷售！當然立刻買了一瓶，結果在亞利桑那州沙漠裡的廉價旅館，一邊想著「竟然會在這個屬於波本的國度相遇這瓶酒」，一邊感慨萬千地留下品飲記憶。本次品嘗則是自那次之後，人生第二次的皇家體驗。

一倒入古典杯時，並沒有太強的燻烤或麥芽風味，也沒什麼酒精濃度43%的感覺，只有單純的刺激感。接著，口中出現濃密木桶香、木質風味，以及些許的雪莉類風味，但華麗的風味卻不只出現在初入口，蘭姆葡萄乾等果乾的酸味和梨子類的清爽甘甜，一直在口腔延續。並且沒有雪莉桶常會出現的橡膠類怪味，整體風味柔順並兼具濃密熟成感，然而持久度不足且風味輪廓稍嫌平板，伴隨混有苦味的香草風味帶來綿延的後味。儘管如此，若隱若現的燻烤風味還在某個瞬間帶來堪稱「夢幻」的感覺。這款酒雖有彰顯出高級酒款的絕佳熟成感，但個性方面似乎略顯不足。當然，如果考慮到當年推出這款酒的年代裡，一般日本人對酒的口感偏好，這種迎合當時喜好的風味似乎也就不足為奇了。但是，今日嘗來難免有平凡無奇的印象。

加入冰塊後，隨著酒溫下降，酒的風味雖變淡，整體口感均衡依舊維持得相當不錯，反而因此略為強化了酒精的刺激。以這款酒的品質而言，一般加入冰塊或加入冰塊與水的水割喝法都很恰當，至於將之定位為高級旗艦酒款，則可能讓人感到質疑，特別是在旗艦酒款定位益發困難的今日。以實際品嘗的結果而言，此酒款較接近比「我的」更高一級的升級版。

參考零售價 3,628 日圓／實際售價約 3,000 日圓

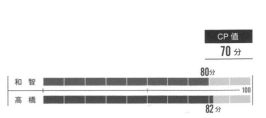

CP 值
70 分

		80分
和　智		
		100
高　橋		
		82分

「國際路線」酒款

SUNTORY WHISKY SPECIAL RESERVE
三得利精選

700ml 40%

酒款印象

在三得利諸多威士忌酒款裡，在「我的」還是一般上班族喝的高級威士忌的年代，這款「精選」（Reserve）的路線可謂與之截然不同，是一款散發「舶來風」的高級威士忌。這款酒於 1969 年推出，當時恰好是三得利公司創業七十週年，且適逢舉辦大阪萬國博覽會，因此才催生這款標榜連外國人都喜歡的「國際路線」酒款，試圖展現帶有日本特色的國際觀。當年在商務飲宴用來招待貴賓的高級酒，是比這款「精選」更高一級的「皇家」，也許這麼說可以讓大家更瞭解當時這款酒的定位。但是到了近年，這款酒成為一般超市酒區也能看到的庶民酒款，連酒款名稱都在 2008 年改為現在的「Special Reserve」，我也是時隔十年（或更久）才又感慨萬千地難得開瓶。

這款酒的基調出自白州蒸餾廠的白橡木桶陳原酒，整體感覺也更偏向白州，屬於清爽帶有水果風味的調性，相較於「我的」，我個人更偏好這款。直接純飲的話，並沒有太強的酒精感，只有略微刺激，整體而言，圓順中依然保持稜角。在伴隨木桶和苦味的香草風味中，還有鮮明的泥煤感，加上些微堅果的油潤，口感顯得頗有深度。中段則有成熟的洋梨、巨峰葡萄等水果的酸甜風味，最終則由苦味和泥煤收尾。加入冰塊之後，儘管甜味變淡，但是香草和苦味卻依舊延續，酒精的刺激也相對減弱，展現出加冰後才有的纖細風味。由於我個人並不喜歡讓風味變得太淡的水割喝法，特別是用在這款酒上，會讓人覺得有點太浪費了，因此也就完全不想嘗試。但是，如果正在搭火車，剛好碰到能放鬆心情的「水割罐」，就不在此限了。

參考零售價 2,786 日圓／實際售價約 2,100 日圓

	CP 值
	75 分
和智	80 分
高橋	100 / 80 分

最長距離
依舊不倒的不倒翁

THE FINEST OLD WHISKY

since 1950

SUNTORY OLD WHISKY

A TASTE OF
The Japanese Tradition

Superior **43°** Quality
43%   From the House of Suntory   700ml

ウイスキー

SUNTORY OLD WHISKY
三得利我的

700ml 43%

CP 值
70 分

酒款印象

1970、1980 年代的「我的」可是對一般上班族而言稍微高級的威士忌，還因為瓶型而有「不倒翁」的暱稱，很受歡迎。對我而言，這款酒則是有需要和朋友相聚時才會喝的酒，反倒並不是我自己特別喜歡的威士忌，因此，長年以來我也一直都以該酒款本身設定的「一般老百姓的奢侈品」看待它。我也曾聽說過，這款酒在 1950 年推出當時，其實是有「要和蘇格蘭威士忌分庭抗禮的國產酒」的定位。但是我也曾在許多年前竟然在某間超市的威士忌貨架最下層，吃驚地看到裝在 2.7 公升寶特瓶裡的「我的」。更令人不敢置信的是，旁邊居然還有一瓶是 4 公升裝的寶特瓶，從此以後，「我的」在我心目中的奢華形象也就蕩然無存了。畢竟，在我心裡，還是希望「我的」是不可取代的黑色不倒翁瓶，話雖如此，在那之後我也許久沒再見過寶特瓶裝的「我的」，也希望以後再不會見到。

根據我在三得利網站找到的資料顯示，這款也算是三得利招牌的「我的」，確實隨著時代的變遷不斷在調配方面與時俱進。因此，我手上這支應該是在 2008 年更換調配後的產品，也是目前能在一般專賣店找到的商品，同時也是我從寶特瓶事件以來首次再嘗「我的」。

透過酒杯觀察到的酒色頗淡，看不出特別強調什麼個性。香氣則是有些微泥煤點綴的雪莉桶感，但只是淺淺淡淡地，沒有真正華麗的感覺。也沒有雪莉桶特有的橡膠味，被調整成酒精濃度 43% 雖然稍微有點感覺，但實際刺激感也不強，調教得相當不錯，口中還有水果乾的淡淡酸味和稀釋的太妃糖甜香。整體而言，算是不覺淡薄且柔順飽滿，與「角瓶」性格截然不同。但是口感確實相對平板，風味也欠缺亮點。加入冰塊後，酒精的刺激感放大，水果乾的香氣則削弱，儘管突顯了苦味，但並不構成破綻。如果以水割法飲用，倒還頗優雅。只是對我而言，整體風味的苦味過淡會是一個問號，但是，酒款的整體均衡維持得相當不錯，能成為稱職的佐餐酒。可以說是能廣泛滿足且適用各種需求和場景，如實反應其定位的一款酒。

參考零售價 2,030 日圓／實際售價約 1,600 日圓

和智		75 分
		100
高橋		
	80 分	

日本最廣為人知的一瓶

SUNTORY WHISKY
三得利角瓶

700ml 40%

酒款印象

有著龜殼圖案的四角瓶形，這是一款許多資深威士忌酒迷都很熟悉的威士忌，1937年推出當時，設定成比「白札」更高一級的酒款。但酒標上卻是怎麼都找不到酒款名稱的「角」或「角瓶」。酒標一直只有標示「三得利威士忌」，但是大家還是以特殊的四角瓶型辨識，叫著叫著才有了後來的「角瓶」，由此可見商品包裝能產生的高辨識度。

如今，「角瓶」除了這款基本黃色酒標的「黃角」，還有一款「白角」。「黃角」主要使用山崎蒸餾廠的波本桶熟成麥芽原酒，搭配中等型的穀類威士忌原酒調配而成。不久之前，還有另一款「黑角」（目前已停售），我則是為了品飲這款「黃角」，順便也買了店裡還有的一瓶「黑角」。「黑角」主要使用山崎蒸餾廠的大桶（大容量的雪莉桶）熟成的麥芽原酒，加上厚重型的穀類威士忌調配，酒精濃度也是稍強43%。我同時品飲比較了包含「黑角」在內的三款不同角瓶。

「黑角」比「黃角」更稍高的酒精濃度，確實能在品飲時帶來相當的差異，相較之下，「黃角」隨即弱了一截，有點上不下。數日後再嘗，「黃角」幾乎感覺不到燻烤或泥媒味，源自酒精的辛辣感和澀味融為一體，源自木桶的香草香和果乾的淡淡酸味之間則融有苦味，此外，儘管有太妃糖般的厚重甘甜，酒精的刺激感卻影響了整體口感均衡。雖然一開始一、兩小杯還勉強可以，但是唯獨「黃角」，再喝下去就難免有點無趣。當然，因為我是同時比較三種，最中規中矩的難免容易被忽略，性格更突出的「黑角」、「白角」則更容易被看到，或許酒廠是考慮到多數人可能在不知該怎麼選擇時，往往會挑選性格最中庸的，才有如此安排。總之，這也算是很適合三得利提倡的「加蘇打水喝」的一款威士忌。

參考零售價 1,717 日圓／實際售價約 1,400 日圓

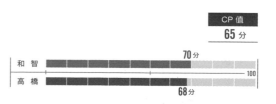

CP 值
65 分

		70 分	
和 智			100
高 橋		68 分	

SUNTORY WHISKY

日常飲用之王

SUNTORY WHISKY
三得利白角

700ml 40%

酒款印象

　　這款曾有「端麗辛口」定位的酒，近年則是改以「清新柔順」的路線再出發，以白州蒸餾廠的豬頭桶（美國規格的木桶，特地將木桶整修成增加約兩成容量的 230 公升桶）熟成麥芽原酒，加上風味輕柔的純淨型穀類原酒而成，酒款價格平實，可謂相當具有個性且口感也十分爽勁的一款酒。

　　酒款色澤清淡，同時呼應白色酒標的氣氛，整體感覺清爽但口味上仍保有結構。在木質感的穀物類風味外，尚有蜂蜜等輕柔華麗的甘甜，酒精刺激偏少且同時帶有淡淡的香料辛辣。甘甜風味揉合的苦味也長，能持續到後味。這樣已經偏淡雅的風味是否還適合加冰塊，我個人雖然存有疑問，但是實際嘗試卻發現，加了冰塊後更能強調清爽的口感，還能帶突顯淡雅的梨子和香草香氣。因此，我認為這款加了冰塊後仍有絕佳表現的酒款相當適合「日常飲用」。相較於「黃角」，這款威士忌帶有更多酯類的華麗感，風味也更豐富，再加上有鮮明的個性，也是讓我心生好感的要因。如果從 CP 值的角度來看，「白角」或許會是三得利酒款最具競爭力的保守派。

參考零售價 1,717 日圓／實際售價約 1,400 日圓

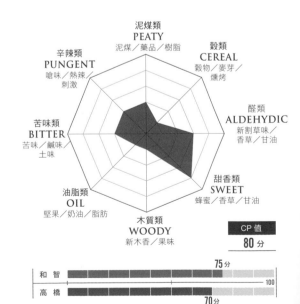

泥煤類 PEATY 泥煤／藥品／樹脂
穀類 CEREAL 穀物／麥芽／燻烤
辛辣類 PUNGENT 嗆味／熱辣／刺激
醛類 ALDEHYDIC 新割草味／香草／甘油
苦味類 BITTER 苦味／鹹味／土味
甜香類 SWEET 蜂蜜／香草／甘油
油脂類 OIL 堅果／奶油／脂肪
木質類 WOODY 新木香／果味

CP 值
80 分

和智		75分	100
高橋	70分		100

驚人的調和技法

SUNTORY WHISKY WHITE
三得利威士忌白的

640ml 40%

酒款印象

　　三得利自 1923 年開始製造威士忌，六年後首度在 1929 年推出的第一款國產威士忌稱為「白札」，至於和今天同樣以「白的」（White）為名的商品，則是在三十五年後的 1964 年問世。依照公司所設定的家庭用的產品定位，這款酒除了有容量為 640 毫升的玻璃瓶裝，還有 1,920、2,700、4,000 毫升等大容量寶特瓶裝。

　　當年「白札」的第一款酒，雖然是值得紀念的國產威士忌先驅，但對當時無法接受特色風味的日本人來說，卻因為蘇格蘭印記過強的泥煤和煙燻風味而遭致惡評。儘管今天的我們很難想像，當時這款酒的泥煤和煙燻風味到底有多重，但恐怕確實是不符合當代需求，當然，即便今日，或許日本人對威士忌的風味口感偏好也仍然或多或少留有這種特質。此後，「白札」就一直很難重見天日，後來才又以「白的」一名重出江湖。甚至是直到請了小山米‧戴維斯（Sammy Davis Jr.）拍攝電視廣告之後，「白的」才如同今日廣為人知。

　　此酒款直接飲用雖不會特別感到強烈的酒精刺激，卻具有相當的刺激感，因此削弱了熟成的圓潤感。儘管有華麗的雪莉桶香氣，泥煤風味卻非常些微，風味厚度因此顯得不足，整體風味反而被比較尖銳的刺激主導了。不過，我個人倒覺得這是還蠻好的特色，單就這點，我對這款酒的喜好更勝「角瓶」。

　　加冰塊後，應該源自酒精的香料刺激反而帶來意外的清爽感。另一方面，加冰塊前有香草風味堆疊包覆的苦味，風味中帶有的一絲澀味是其優點，但是反而在加冰塊後被突顯成較不好的苦味，成了缺點。由於酒款本身並不具熟成風味（當然從價格來看也很合理），因此很難產生高級感，所以我認為這是一款定位有些困難的產品。不過，以三得利的角度而言，此酒款或許是符合公司大力推廣的「加冰加水」飲用趨勢，讓更多人感受威士忌氛圍而存在，但是對於從未嘗過當初正統濃厚泥煤風味「白札」的我來說，那才是讓人滿懷想像和憧憬的味道。

參考零售價 1,267 日圓／實際售價約 1,000 日圓

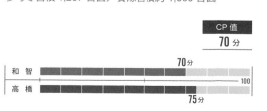

	CP 值
	70 分
和　智	**70 分** / 100
高　橋	**75 分**

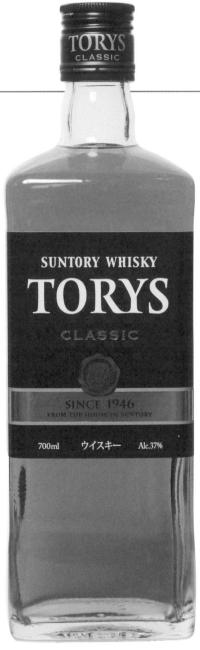

沒有銳角的易飲口感

SUNTORY WHISKY TORYS CLASSIC
得利經典

700ml 37%

酒款印象

　　一般而言，所謂的調和威士忌指的是以百分之百大麥麥芽製成的原酒，混和其他以裸麥、小麥、玉米等穀類製成的穀類威士忌而成，但是這個「得利」（Torys）系列酒款，卻是以甲類燒酎取代穀類威士忌製成的所謂國產洋酒（因此刻意不稱威士忌）的先驅。這些早在 1919 年限定發售的「國產洋酒」，後來在戰後不久的 1946 年又以「得利威士忌」（Torys Whisky）的名義推出，因此今天這款酒的酒標上，仍然印有 1946 年的標記，試圖傳遞這款酒為大眾國產洋酒原點的歷史地位。當然，今天酒款中已經沒有甲類燒酎，而是混和穀類威士忌的純正「調和威士忌」。此外，當初最早原版的酒瓶也並不是今天的四角型，而是更普通的圓形酒瓶。

　　一倒入杯中，不管是純飲或加冰塊，都沒有太多特殊香氣，酒精的揮發感很普通，舌上也不感覺刺激，很明顯是酒精濃度 37％所帶來的性格和風味。酒精揮發感之外，也幾乎沒有什麼風味特色。某種程度上來說，或許這就是「日本式」風味的極端表現，四平八穩，香氣和口感都沒有突出之處。甜味的銳角被酒精的揮發感除去了大半，只留下些微的甜味感覺圓潤，欠缺熟成感的風味也和深厚複雜無緣，但或許是最適合用來調配高球等威士忌調酒的基酒。或者，換裝到隨身瓶直接就口飲用，也許能讓人聯想起難以入眠的夜車硬座，喚起某些令人懷念而甘苦參半的過往回憶。威士忌的喝法用法，實是變化萬千。

參考零售價 972 日圓／實際售價約 700 日圓

CP 值
55 分

		60分	
和 智			100
高 橋		**68**分	

高球專用的風味

TORYS EXTRA WHISKY
得利特級

700ml 40%

酒款印象

　　一入口就能感覺酒精帶來的刺激和揮發感，口感還有微焦的香草甘甜揉合苦味，苦味甚至持續到後味。這款定位在比「得利經典」更高一級的「得利特級」（Torys Extra），酒精濃度也比「得利經典」的37％更高一級，有40％。即使數字只差了3％，但感受卻相當不同。首先，第一口就能感受到口感不那麼柔和，所有的味覺要素都表現更尖銳突出。亦即，風味更鮮明有稜角，再加上幾乎沒有太多熟成感，因此相對欠缺圓潤度，單獨純飲也可能比較不容易被大眾接受。尤其，日本人更偏好的往往是整體顯得平順易飲的口味，這些刺激感則會被視為異端，因此酒廠最初的產品定位應是要用來加冰塊、加水或加上碳酸飲料，調成威士忌調酒等不同的用處。果然，仔細看看酒標就會發現，上面特別清楚印有關高球的調配方式與比例，果然這是一款適合用做威士忌調酒啟蒙用酒，特別考量調配碳酸飲料後的風味而設計。對我個人而言，「沒有銳角」只能「高不成低不就」，所以我特別偏好風味有特殊之處的酒款，把特色視為正面的個性。儘管如此，我仍嘗試了純飲和加冰塊，而這種年輕欠缺熟成感、稍顯旁雜粗糙的感覺，習慣之後倒也還不賴，很容易迅速喝完又再來一杯，無意間竟又買了第二瓶。

參考零售價 1,166 日圓／實際售價約 900 日圓

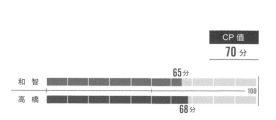

	CP 值
	70 分

和智　65分　100

高橋　68分

酒款印象

　　白州蒸餾廠的限定酒款，只有親自參觀蒸餾廠、參加導覽行程者才能入手。瓶身載明批次號碼，可見彌足珍貴。注入古典杯觀察酒色就能發現，色澤比一般市售的無年份「白州」要更濃些，約是中庸的琥珀色，色澤的差異其實並沒有太大，畢竟兩者基本上是同類單一麥芽。酒精濃度也都是43％，但是這款酒廠限定版又再稍微淡一些。或許因為容量也偏低，因此給人只適合純飲的印象。

　　入口雖然能感覺酒精的揮發感卻不覺刺激，且只有淡淡的辛辣味。此外，有柑橘類的清爽輕快，接著有苦味，同時出現焦糖類的甘甜與燻烤香氣。晚一步出現的澀味，則是和乾果風味的油潤合為一體。最終，隱約露出的泥煤味，讓整體風味更添複雜多層，苦澀兼有的後味深長。風味在入口後很快達到高峰，之後平穩地延續直至尾韻。

サントリー
白州蒸溜所
SINGLE MALT
WHISKY
No. 01191123

SINGLE MALT WHISKY
三得利白州蒸餾廠

300nl 43%

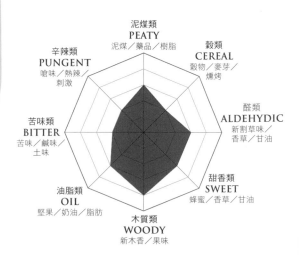

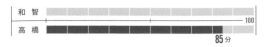

酒精濃度低了
3％的風味變化

SINGLE MALT WHISKY
三得利山崎蒸餾廠

300ml 40%

酒款印象

　　這款也是瓶身標記批次號碼的蒸餾廠限定酒款。基本上和一般的無年份酒款或許有不少共通之處，但酒精濃度卻只有40％，比普通的「山崎」少了3％。透過古典杯觀察到的酒色是淺淡琥珀色，未加水純飲時香氣也沒有太多酒精的刺激，率先感到的是圓潤。沒有泥煤風味，而是以更偏穀物類的甘甜香氣混著焦糖和微苦展現酒體。在口中則能感覺到不同於酒色的濃厚印象。中段能感受到些微香料風味，接著再感到穀物類的甘甜，最終則是由從鼻中散逸的香草和焦糖類風味畫上句點。或許因為澀味極少因此感覺較短促。感覺得出是特意強調山崎蒸餾廠特色的酒款，唯獨在整體風味略顯單薄。儘管能感受到雪莉桶的特色，但水楢桶的表現可能就要打個問號。酒精濃度僅僅3％的差異，感受遠遠不只3％。

NIKKA WHISKY YOICHI DISTILLERY
NIKKA WHISKY 余市蒸餾廠

地　址	〒 406-0003 北海道余市郡余市町黑川町 7-6
交通方式	【電車】JR「余市站」徒步三分鐘。但須留意由小樽前往余市的車次較少。 【巴士】小樽車站前搭乘前往「具知安／岩內／美國／余別梅川車庫」方向，在「余市站前」站下車，徒步約 2 至 3 分鐘。乘車時間約 35 分鐘。 【開車】自札幌走國道五號線往西約 50 公里，積丹半島的突出處即為余市町。進入余市町後在國道五號線的「大川十字街」交叉點左轉，往前約 600 公尺後在「余市站前」交叉點右轉即抵達。
營業時間	12 月 25 日至 1 月 7 日之外的每天，9：00～17：00。
參觀方式	▶「蒸餾廠之旅」（免費、含試飲）：1 至 10 位以內不須預約，11 位以上或利用巴士專車前往者請電話預約。自由參觀及試飲，9：00～17：00。 ▶「蒸餾廠之旅」（免費、附導覽與試飲）：1 至 10 位以內須網路預約，11 位以上請電話預約。內容：專人導覽威士忌釀造工序（約 50 分鐘）、品飲及專賣店（約 40 分鐘），9：00～12：00、13：00～15：30。每個整點與 30 分各一場（15：30 為每日最終場）。

TEL：0135-23-3131（預約專線）
http://www.nikka.com/
distilleries/yoichi/

吹往余市的風

　　北海道余市，東經 140 度 47 分，北緯 43 度 11 分。這座位於突出於日本海的積丹半島的小鎮，人口不到兩萬人，為何當年有日本威士忌之父之稱的竹鶴政孝，會選中此地做為威士忌蒸餾廠的建設基地呢？曾經在蘇格蘭學習威士忌釀造、知曉釀造優質威士忌所需環境的竹鶴，想必是經過了日本各地奔走，才終於找到這塊最接近蘇格蘭風土的地方。當年，他單身前往蘇格蘭，先是熟讀了 J.A. 尼爾頓所著的《威士忌暨酒精製造法》，再到朗摩蒸餾廠經歷了一個星期的無薪實習，又參觀了位在斯貝塞的六所蒸餾廠。接著，才獲得了赫佐本蒸餾廠正式實習的機會，他在廠長身上學到了以麥芽威士忌混和柱式蒸餾器釀造穀物威士忌的調配方式，以及混和不同麥芽原酒的技術。再者，從海邊望見的余市風景，和當初他與妻子麗塔一起渡過新婚生活的金泰爾半島坎貝爾鎮很是相似，或許也是選中此地的理由之一。

　　余市的冬季最低溫可以低至攝氏 -15 度，積雪量超過 1 公尺。八月則可能出現超過攝氏 30 度的高溫，但仍是年平均氣溫只有 8 度的寒冷氣候。對於需要長期在木桶培養的威士忌來說，當地也有來自日本海及鄰近山川的濕潤空氣，能持續吹拂廠內以兩層式堆放的酒倉。在廣達 13 萬平方公尺的廠內，共有二十六處酒倉，原酒能在涼風的吹拂下緩慢成熟。余市的風土幾乎就等於是蘇格蘭，此外附近的石狩平野就能提供威士忌釀造所需的大麥、帶來泥煤風味的泥煤，除了盛產鮭魚，還有余市川的地下水源，附近尚有豐富炭礦。加上距離北海道首府札幌、面朝日本海的港口小樽也都很近，便於以船舶運輸將威士忌運往日本各地。

　　由於竹鶴從當年在蘇格蘭的實習經驗學到，儘管威士忌必須以人類培育的大麥為原料，透過將麥芽糖化、發酵、蒸餾、桶陳等工序才能製成，但最終的熟成勢必相當仰賴整體環境。因此，他並沒有為了讓產品易於流通而選擇設在消費地附近，

從 JR「余市站」一出站就可以看見石造的厚重蒸餾廠正門，在 NHK 晨間連續劇〈阿政〉主題曲的音樂陪伴下穿越馬路，印入眼簾的就是仿效蘇格蘭蒸餾廠麥芽窯的紅色塔形屋頂。此情此景便是創業者竹鶴政孝為了打造正統威士忌理想國，所設計建造的樣貌，如今已成為受國家保護的有形文化財產。

反而挑了或許較不方便的極北之地。

1934 年，為了建設理想威士忌蒸餾廠，竹鶴設立了大日本果汁株式會社，也就是 Nikka 的前身。由於當時日本並沒有任何生產百分百果汁的公司，因此還被視為先進企業。威士忌的原酒，至少要經過三年的培養後才能販售，因此為了取得持續經營的金流，才以能短期帶來收入的果汁補貼資金，爾後更以果醬、番茄醬等來獲得現金收益。由於余市在 1875 年，由內政部向美國進口了蘋果幼苗推廣種植，成為栽培面積超過千個鄉鎮而僅次於青森的重要蘋果產地。因此公司成立之初，還找來了芝川又四郎等八位發起成員，然而，當時市場卻很難接受百分之百果汁，混濁的天然蘋果汁遭到退貨，公司不忍將這些商品直接丟棄，因此釀產成酒精濃度 45% 的白蘭地。不過由於蘋果產季只在秋天，蒸餾器在季節結束後隨即又無用武之地，為了避免如此的空轉，竹鶴只能盡早開始蒸餾真正的威士忌，實現自己長年的夢想。

兩年後，Nikka 終於踏出釀造威士忌的第一步。最初參考朗摩蒸餾廠寬頸而設計的小型罐式蒸餾器與下傾的林恩臂，能適度保留複雜成分。加熱的方式也和現代主流的蒸氣間接加熱不同，採取效率或許較差且更仰賴工匠熟練技術以維持均勻火力的煤炭直接加熱。也是日本唯一一間至今仍繼承竹鶴在蘇格蘭所學技法的蒸餾廠。或許正因如此，余市的原酒顯得力道強勁、香氣豐濃，擁有日本威士忌少見的鮮明性格。這個獨特的味道，或許正是傳承了竹鶴政孝的熱情和技術，並和北海道余市的大自然一起完成的作品。

至於，當初竹鶴為做出能和蘇格蘭威士忌一較高下的正統威士忌而為酒廠規畫的種種設計，以及維持原貌的歷史蒸餾廠建築等，如今已成如實展示日本蘇格蘭威士忌發展史的重要史料。廠內甚至設有今日日本已幾乎不復存在的麥芽燻窯的麥芽乾燥室。尤其余市蒸餾廠還開放給觀光客參觀，基本上參訪者都能免費參加附解說的詳細導覽並品嘗酒款。廠內還設有完成度相當高的博物館，以及高水準的餐廳。2002 年更增設竹鶴政孝故宅作為常設參觀景點，因此儘管地點偏遠，仍相當具參觀價值。當然，對威士忌酒迷來說，酒廠限定的特殊酒款更讓這裡成為必訪聖地之一。甚至在免費參觀的日本景點中，此地在國際間也頗負盛名，常是名列前茅的熱門景點。加上幾年前 NHK 晨間連續劇〈阿政〉的播出，更讓酒廠的參觀人數從 2013 年的 28 萬人，增加到翌年的 46 萬餘人，2015 年更一舉超過 90 萬人。就連對威士忌興趣並非特別濃厚的人都因此產生興趣，對產業造成絕大影響。至今，除了余市和宮城峽，其他蒸餾廠也都持續增產麥芽原酒。近年來，余市甚至以享譽國際的蒸餾廠之姿奠定了不容動搖的地位。

經過乾燥的麥芽，會研磨成粗、中粗與細三種。碎麥芽接著會進入糖化槽，與熱水開始糖化。儘管各蒸餾廠的步驟可能略有出入，但一般都是採三次加水的糖化程序。

巨大的不銹鋼糖化槽，以全自動的方式將水溫控制在攝氏 64 ～ 90 度，分三次加入，同時持續過濾製成糖化麥汁。

重量與粗細不同的粗、中粗與細三種碎麥芽會在糖化槽中不斷攪拌，讓麥芽與熱水均勻融合，才能藉糖化讓麥芽的營養融入糖化麥汁。

送入巨型不銹鋼發酵槽內的麥汁，會在添加酵母後開始發酵。通常使用的是專用的培
養酵母。儘管蘇格蘭到了今日仍多使用木製發酵槽，但余市則是使用不銹鋼發酵槽。

從發酵槽的小窗可以窺見內部正在發酵，並生成許多二氧化碳的情況。酵母會以麥汁
中的糖分為養分，並轉化為酒精。

余市蒸餾廠林恩臂下傾的寬頸罐式蒸餾器。今日蘇格蘭的蒸餾廠幾乎都改用蒸氣間接加熱，這裡仍然堅持使用煤直接加熱。儘管採用直接加熱的理由之一，是因此更能產生焦糖類的燻烤香氣，但是由於直接加熱的溫度控管需要極為熟練的工匠技藝，成本因此居高不下。廠方之所以執著於直接加熱，或許還是由於原酒能藉此帶有堅實又複雜的鮮明性格。

每年年底，蒸餾廠都會替換高掛在六座罐式蒸餾器上的白色注連繩裝飾。白色注連繩傳統上用來表示「神聖場域」，如此的裝飾可能是酒廠展現西洋技術與日本精神的共存，也可能是竹鶴政孝為了表達對威士忌釀造過程許多不可控環節的敬畏。

余市年平均氣溫只有攝氏 8 度，泥土地面的酒倉裡原酒堆疊式陳放不會超過三層。共計二十六處的酒倉裡，原酒分別在白橡木新桶等各種材質與尺寸的桶內儲存。

在占地超過 13 萬平方公尺的蒸餾廠區域中，酒倉裡的木桶在日本海長時間的潮濕空氣吹拂下緩慢熟成。

竹鶴和妻子麗塔的故居，如今也移至蒸餾廠內。這座為了妻子而特別興建的蘇格蘭風格房子，玄關處總是吸引許多訪客以余市的風景為背景攝影留念。

左圖陳列的是曾經參與過 Nikka 廣告演出的名人巨星，包括〈黑獄亡魂〉（The Third Man）的奧森・威爾斯（Orson Welles）、日版「愛的讚歌」原唱越路吹雪、「Sailing」原唱洛・史都華（Rod Stewart）、「My Way」原唱保羅・安卡（Paul Anka）……，不難看出 Nikka 在日本威士忌掀起旋風的時代，曾為廣告宣傳投注大量心力。這些令人懷念的明星群像不可思議地喚起了過去美好的年代。

上圖是酒廠在世界各大國際競賽獲得的各種獎項，博物館同時也展出許多和酒廠歷史相關的文物。這座免費開放的博物館，也被國際觀光客選為最佳博物館前三名。

NIKKA WHISKY SENDAI DISTILLERY
NIKKA WHISKY 宮城峽蒸餾廠

地　址	〒 989-3433 宮城縣仙台市青葉區 Nikka1 番地

TEL：022-395-2865
（預約及諮詢專線）
http://www.nikka.com/
distilleries/miyagikyo

交通方式	【電車】從 JR「仙台站」轉乘 JR 仙山線至「作並站」下車，約 30 分鐘。出站後徒步至宮城峽蒸餾廠，約 25 分鐘。
	【巴士】從「仙台站」搭乘市營巴士往「作並溫泉」方向，在「Nikka 橋站」下車，約 60 分鐘。
	【免費接駁巴士】僅限週六、日、國定假日，從 JR「作並站」上車（約 1 小時一班）。巴士時刻表與營運日期可於網站確認。
	【開車】東北自動車道，在仙台宮城交流道轉國道四十八號線往山形方向，約 25 分鐘。
營業時間	12 月 24 日至 1 月 7 日以外的每天。詳細開放時間可於網頁確認，8：45 ～ 16：30。
參觀方式	▶「蒸餾廠之旅」（免費、附導覽含試飲）：1 至 10 位。名額有限，建議先以網路預約。10 位以上請電話預約。需時約 1 小時。參觀時間：9：00 ～ 11：30、12：30 ～ 15：30。

Nikka 的第二故鄉

這裡是 Nikka 創建北海道的「余市蒸餾廠」之後，開設的第二座威士忌蒸餾廠，正式名稱為「Nikka 威士忌仙台工場宮城峽蒸餾廠」。

1971 年，日本的洋酒進口全面開放，翌年又大幅調降威士忌的進口關稅，洋酒消費環境勢必隨之產生巨變，Nikka 因此增設了第二座蒸餾廠，為增加的市場需求擴充更多產品線。但是，遠在此之前，竹鶴政孝其實早在洋酒正式開放進口的四年前，就有了「調配不同風土、讓風味口感明顯提升的威士忌」的計畫。

最終在 1969 年竣工的第二座蒸餾廠，打從兩年前就開始選擇廠址，四處尋找必須符合「地處東北內陸山區、空氣品質清新、具備適當溼度、位於水質優良河川附近」等種種條件，最終在 1967 年選定現在的蒸餾廠址。除了符合前述條件之外，此地還臨近廣瀨川和新川的合流處，兩條河川由於水溫不同而形成裊裊薄霧，十分適合威士忌的長期熟成。

選定現址時還發生過一則小故事，據說竹鶴政孝因為喝了以新川的水調成的「黑 Nikka」水割，立刻驚為天人，隨即下了決心。新川名字的讀法也並非一般常見的讀法「Shinkawa」，而恰好是「Nikkawa」，也算是和「Nikka」之間的一種緣分。

余市和宮城峽

當初最早選定的「余市蒸餾廠」廠址，是以蘇格蘭（高地）的蒸餾廠為藍本而特別選擇靠近海岸的地理位置。因此，

位於宮城峽蒸餾廠裡的蒸餾器紀念碑，曾被 NHK 晨間連續劇〈阿政〉取景，據說當時 NHK 為了要在劇中使用，還特別拆除底座紅磚，將整座碑運至攝影棚使用，用完後才運回原地重新修復底座。果然是 NHK 的手筆。

宮城峽蒸餾廠是以流經附近的新川地下水作為釀酒主要水源，據說當年竹鶴政孝就是因為新川的水所調的「黑 Nikka」水割深受感動，因此當下決定以該地作為第二座蒸餾廠址。

從蒸餾方法到設備，乃至於熟成方式，都是以蘇格蘭為榜樣，是以原酒風格表現也是更偏向強勁，甚至屬於帶點粗獷感的「高地類型」。相較之下，如果用蘇格蘭威士忌的風格描繪「宮城峽蒸餾廠」，便比較偏向「低地類型」，更華麗輕柔也更圓順甜美。兩者不僅風格有所不同，就連地理條件也各自迥異。地處內陸山間的「宮城峽蒸餾廠」，光是年平均氣溫就比余市高了攝氏4度；再者，兩廠的蒸餾系統也截然不同。「宮城峽蒸餾廠」取新川的水源作為釀酒用水，以不鏽鋼製的糖化槽進行糖化，完成糖化後的麥汁更使用數種不同的酵母發酵，分別製成數種性格不同的發酵麥汁。在二十二個不銹鋼發酵槽完成發酵的麥汁此時帶有約8%的酒精濃度，經過初餾、再餾共四對八座沸騰球式的罐式蒸餾器，以約攝氏130度的蒸汽間接加熱完成蒸餾，接著再經過角度稍微往上的林恩臂，這些都和「余市蒸餾廠」以直接加熱的寬頸罐式蒸餾器，搭配角度朝下的林恩臂，可謂截然不同。經過初餾得到的24%酒精濃度的酒液，會經過第二次的蒸餾達到69%的酒精濃度。

新酒接著會加入同樣取自新川的水，進入桶陳階段，陳年的木桶在酒倉主要以堆疊式存放，木桶還能在廠內的製桶工廠進行改造或修補。如此產生的「宮城峽蒸餾廠」威士忌，因此更華麗輕柔、圓順甜美。和更強勁濃郁的「余市蒸餾廠」酒款

互為對照，不只象徵了「Nikka」的高峰之一，對整體日本威士忌而言，也可謂是登峰之作。

事實上，「宮城峽蒸餾廠」的原酒特色，乃至於風味的極致表現，也透過僅在廠內販售的限定版酒款「宮城峽蒸餾廠主要麥芽原酒」系列（容量包括500與180毫升，無年份，酒精濃度為55%）如實展現。三種不同性格的原酒，皆以調和成單一麥芽之前的樣貌分開裝瓶，這些被稱為「主要麥芽原酒」的酒款，包括「柔順麥芽」（Malty & Soft）、「豐濃果香」（Fruity & Rich）、「香甜雪莉」（Sherry & Sweet）三種，可說是最能直接體驗酒廠風格的珍貴原酒。此外，參觀者除了能直接品嘗這些酒款之外，還能以這些原酒實際體驗調酒師如何調配威士忌。此外，單一麥芽「宮城峽2000年」（容量500與180毫升，酒精濃度57%），以2000到2009年間製成的原酒調配，融合了前述三種原酒特色，並和一般市售的標準單一麥芽「宮城峽」截然不同，實是充分表現本廠特色的珍稀酒款。

個性鮮明的宮城峽穀物原酒

廠內設有穀物原酒蒸餾是「宮城峽蒸餾廠」最大的特徵。Nikka的穀物原酒其實雜味和香味都很淡薄，風味幾乎接近純酒精，但是調配用的穀物威士忌原酒卻又隱藏著細緻精微的種種風味和表情。這些

麥汁必須降溫至攝氏 20 度左右，才是適合發酵的狀態。投入發酵槽的酵母會啟動發酵作用，產生酒精和二氧化碳。過去，發酵槽多半以木桶為主，近期則多改採能自動控溫的不銹鋼槽。

都要歸功於 1999 年從西宮蒸餾廠搬遷到此地的「科菲柱式蒸餾器」之賜。

這款柱式蒸餾器，非常接近愛爾蘭設計師科菲在 1830 年代推出的高效率柱式蒸餾器「科菲式蒸餾器」的原型。Nikka 廠方則將此稱為「科菲柱式蒸餾器」，甚至也用來蒸餾麥芽原酒，大大增加了原酒類型和特色的彈性。

不同於現代柱式蒸餾器多半由四或六座柱狀蒸餾器組成，幾乎除掉酒中所有雜味或香氣成分，這座由格拉斯哥的 Blairs 公司生產的古董「科菲柱式蒸餾器」，由僅僅兩座四角型的蒸餾器組成。由於無法完全除去原料本身的風味，這項舊式器械的缺點，到了今天反而成為他處沒有的特點，這也是 Nikka 在 1962 年將這組蒸餾器引進西宮蒸餾廠以來，就一直特別用心

保存的特色。

四角型蒸餾塔內部相當於第一次蒸餾的部分，是由隔板分成二十四段，酒汁的酒精濃度會在此時從 10% 左右，被提高到 50%；接著在相當於第二次蒸餾的塔內，藉由分成四十二段的隔板，讓酒精濃度最終提高到約 94%。儘管經過如此工序，酒汁仍能保留相當的風味成分。

最終，完成蒸餾的穀物威士忌會被移至 Nikka 的「栃木工廠」，在高度達 30 公尺的層架式酒倉熟成。最能代表宮城峽穀物威士忌的象徵酒款，就是該廠固定推出的「科菲穀物」（Coffey Grain），這不僅是一款具有全球知名度的威士忌，甚至擁有許多堪稱「信眾」的狂熱酒迷，是一款地位非凡的膜拜酒。

這些在廠內四處縱橫的不銹鋼製管線，簡直就是「管線工人的惡夢」，然而，類似完全自動化的無人管理，卻是近年許多蒸餾廠的實際情景。至於能讓乳酸菌附著、保溫性更佳的木桶，則因為不耐久用，且管理更耗成本等缺點而愈來愈少見。

霧面不銹鋼大型糖化槽中，正以新川地下水源的水進行糖化。麥芽會在這個大槽經攪拌與過濾而成為麥汁，第三次的過濾液會保留做為下次糖化循環的用水。

高達數層樓的巨大製酒廠房，簡直就像是以鋁材、鋼材和不鏽鋼構成的現代藝術品。

畫面之所以會看起來有點扭曲，是因為設備規模龐大到必須用魚眼鏡頭才能完全入鏡。為了滿足全球威士忌酒迷的需求，也難怪需要如此巨大的酒廠。真是嘆為觀止。

藉由古董型「科菲柱式蒸餾器」，酒廠成功替原酒增加了多樣風格。不同於最新式蒸餾器可以一次蒸餾出高酒精濃度的方式，刻意引進了操作更困難的舊式蒸餾器，反而得以產出風味深厚的穀物威士忌。儘管 1960 年代也有圓柱式的科菲式蒸餾器，竹鶴政孝卻毫不猶豫地選擇了舊式四角型科菲式蒸餾器。只要實際品嘗過宮城峽的「科菲穀物」，就能一掃對穀物威士忌的偏見。

宮城峽蒸餾廠的罐式蒸餾器，用的是不同於余市的沸騰球式罐式蒸餾器，頸部的角度也比 90 度更緩和，蒸餾的方式則是以蒸汽間接加熱，這也使得原酒不同於余市，清新且帶著果實般的華麗香氣。

以全新波本桶進行兩年以上的培養，酒中因此將帶有強烈的木桶香氣。至於希望緩慢熟成的日本威士忌，主流做法則是傾向以第二次填充的木桶培養。透過自動瓦斯噴槍燒烤木桶內部。由於酒中單寧會隨著內部燒烤程度而有所差異，增加的單寧也會對威士忌的香氣帶來巨大影響，可謂是重要的製程。

只要幾分鐘，瓦斯噴槍就能讓木桶內部達到攝氏 600 度的高溫，內燃通常是為了讓木桶內部適度燻烤，這種狀況會持續幾分鐘。種種燻烤工序全都能靠自動化完成。

原本重到很難以人力舉起的木桶，因為木桶腰部突出的設計而能讓人推動。此外，木桶中間突出的形狀，據說還能讓酒液在熟成過程更容易產生對流。儘管糖化槽或發酵槽可以採不銹鋼製，但只有木桶必須是天然素材，原因應該就在於木桶可以呼吸，並且能從中釋放釀造威士忌所需的成分。

整齊的工廠內可以看到作業員正讓舊桶一個一個起死回生。他們的工作就是要在木桶不添加其他物質的情況下還能不滲漏，並且堅固耐用。

無色透明的新酒正安放於木桶，經過長年熟成之後，木桶的成分也會慢慢滲入酒中，並且和酒精融合成為獨具性格的威士忌。這些完全不用任何化學藥劑或黏劑，只用木材組合而成的優質木桶，還會隨著季節更迭帶來的溫度變化，重複熱漲冷縮的過程，最終成為原酒緩慢熟成的搖籃。

這些位於宮城峽蒸餾廠內的酒倉主要採取堆疊式存放。周圍由如同置身森林公園的步道環繞，四周一片寂靜，只聽得到小鳥的鳴聲。能切身感受到廠方貫徹創業者竹鶴政孝「不砍樹、保持自然」的理念，堅持在綠意盎然的森林和清流環繞的環境下，孕育出美味的威士忌。

孕育出生命之水的關鍵人物，
調酒師的工作是什麼？

Nikka Whisky 董事／
調酒室室長／首席調酒師

佐久間正

歷任蒸餾廠工作後，擔任 Nikka Whisky 調酒室室長，負責掌管全公司產品的味道。具備每晚都會小酌幾杯的好酒量。

編輯部：身為 Nikka Whisky 的首席調酒師，您平常具體的工作是什麼？

佐久間：調酒師的主要工作就是確保目前現有的產品，必須維持一定的風味，這也是我們投注最多時間和心力的工作內容。

編輯部：意思是，假使目前產品的木桶萬一缺貨了，改用其他木桶也要能重現那款商品的風味嗎？

佐久間：簡單來說，確實是如此。比方我們在衡量酒質時，是將威士忌細分成幾千種批次的原酒管理，但是，當然特定批次會隨著用量愈多而用盡，也可能隨著時間不同而有風味改變。因此，每年我們都必須重新檢討產品的配方，這也是相當浩大的工程。

編輯部：方便請教一下貴社目前儲藏的原酒約有多少桶嗎？

佐久間：數目應該是數十萬，當然，一桶桶檢視這些原酒幾乎是不可能的，因此只能很概略地，把蒸餾時間、原料種類、製法、木桶等相同的視為同一批次。嚴格來說，同一批次當然還是會有每一桶的個別品質差異，但是因為商品無法按照每桶差異調整，所以每年六月，都會按批次進行一次取樣。

編輯部：取樣過程需要多少位調酒師進行？

佐久間：敝公司共有六位調酒師，因此是由這六位調酒師與其他同仁的協助下進行。各酒倉約各抽取數千份樣品，平均花費三天，久一點可能甚至到五、六天，六月份分別前往余市、宮城峽等各蒸餾廠將這些樣品收集回來。接著，七月份整個月品嘗六月份取出的樣品，此時的「品嘗」其實只有用聞的，單靠嗅覺確認各批次的整體印象，並針對酒款特色等留下筆記，比較像是「這個批次聞起來有這種香氣」之類，將感覺到的東西直接記錄下來，六位調酒師可以依自己感覺到的自由發揮。

編輯部：那麼，六位調酒師都會寫出不同的感覺嗎？

佐久間：對，每一位寫出來的東西通常都不大一樣，不過，這種情況在此階段並不構成障礙。反而須盡量將自己的感覺用自己的話寫下來，日後才能憑藉這些文字，回想起關於特定酒款的印象。此階段一天必須品嘗的樣本數通常是一百到一百五十款，這樣才能在一個月內將兩、三千份樣品嘗完，每天品嘗完畢後，我們會影印各自的品酒筆記交換閱讀，所有人一起交換意見。大家會一起討論哪些比較好、哪些比較差，或者哪些意見有分歧，討論完畢後才算結束一天的品嘗工作。接著是八月，我們會參考前一年的酒款樣品和實際調配比例，然後根據先前的筆記，試圖從今年的樣品找出接近的進行實際調配，過程中持續對照前一年的成品，盡可能調出最接近的成品。我們會花一個月的時間做出新的調配，並從九月開始，將成果移往蒸餾廠現場進行實際調配。

編輯部：配方的數量就是旗下的商品數嗎？

佐久間：事實上，我們做的是遠超過現有商品的數量。因為我們並不是一下就直接調配出最終產品，而是會先做出數十種中間階段，再從中精選出一些

成為最終的調配配方。例如，「Super Nikka」可能就是取中間階段的一號、二號、三號配方，再以特定比例調成最終調配；「竹鶴純麥」用的可能就是中間階段的一號、五號、十二號配方以特定比例調成，因此我們先是配出數量龐大的中間配方，再用它們完成最終的產品調配。

編輯部：要在一個月內完成如此龐大的作業，應該非常辛苦吧。

佐久間：某種程度習慣了之後，倒也就還好。當然調配工作有進行得很順利的時候，也有很不順的時候。但是，至少都不是只由一個人單獨完成，我們有六個人可以各司其職、共同分擔。

編輯部：調配時，調酒師之間會出現意見分歧嗎？

佐久間：我們基本上是最後才由大家一起確認最終的結果，進行途中並不會刻意交換意見，每個人都會把心力集中在自己負責的部分，最後得出的成果，才由所有人一起評價。當然，也有最後大家認為「這樣還是不行」的情形，這時就會一起討論「應該如何調整」，然後由負責的調酒師再回去進行調整，直到最終獲得大家的認可。

編輯部：像這樣必須品嘗兩千份以上的原酒，許多原酒應該是沒辦法用的吧？

佐久間：當然，我們並不會將品嘗的樣品全部用上，有些原酒則是考量到庫存的數量，而刻意保存不用。主要目的是透過品嘗樣品掌握現存原酒的類型，因此有些會為了未來使用而刻意留存，有些可能是現在真的不合適用，那就繼續陳年靜觀其變。所以，並不是品嘗樣品的當年就會全數用盡。

編輯部：想請教關於穀物威士忌的生產。

佐久間：我們的穀物威士忌在仙台的宮城峽蒸餾廠製造。

編輯部：目前貴公司約有四十多種威士忌產品，想請教今後還有增加產品的可能性嗎？

佐久間：由於原酒庫存很難在未來持續穩定地供應，我們也因此在 2014 年特別針對有標示年份的酒款，做了一些整理。不過，原則上還是希望能每年都能推出一些新產品。因為熱愛我們的消費者非常多，要減少產品數量當然也非常困難。

編輯部：想請教您，新產品的生產會是由哪個部門來決定呢？

佐久間：這倒不一定，我們調酒師這邊偶爾也會提出「可以做出這種新產品喔」，然後提案獲准成為新產品，當然，更多時候是由行銷部門觀察市場動向後提案。我們會根據他們提供的目標客層、基本風味設定、價格範圍等訊息，針對價格和口味稍作調整，開發出最終的新產品。

編輯部：所以由調酒師主動提案的新商品比較罕見？

佐久間：確實比較罕見，因為儘管我們可以主動說「可以做出這種新產品喔」，但是對於目標客層在哪裡？這種產品有多大需求？這些就都不是我們平常的業務範圍。

編輯部：想請教您在品酒時，對於余市和宮城峽兩間蒸餾廠的風味差異，有什麼判斷基準嗎？

佐久間：其實我很少用這樣的角度去看。其實單是不同的木桶，就能讓原酒產生很大的差異；再者，即便在同一廠也會生產很多類型的東西。因此，在仍處於調配素材的階段，基本上不會在意是出自哪一間蒸餾廠。反而會聚焦在最終的產品，在那之前，原酒出自哪裡其實沒有太大差異。因為，我們仍是以推出的最終商品為考量基礎，不會特別在意這是源自余市或宮城峽的個性。但是，如果新產品的特色明確要求「希望做出帶有蒸餾廠特色的商品」，那麼，我們就可能會抱著「希望能夠突顯宮城峽特色」的想法進行。

編輯部：您剛剛提到六月的品嘗是只透過嗅覺進行，所以真的都不喝嗎？

佐久間：品嘗有很多種方法，並不是只有一種，有些品嘗需要實際喝，有些品嘗並不需要實際喝。比方像我先前說的，因為一天必須檢視至少一百份以上的樣品，如果實際喝下去不只會喝醉，味覺也容易麻痺，因此僅止於用鼻子試酒。當然，在實際進行調配時會須要透過品嘗檢視風味，但基本上會先從嗅覺開始，透過嗅覺確立大致方向之後，再來確認味道。

編輯部：調酒師應該也都有各自的口感偏好吧，想請教佐久間先生您個人具體偏好什麼樣的酒？

佐久間：我其實什麼酒都喝，口渴的時候會覺得啤

酒或冰涼的高球很美味，到了冬天也會想喝熱熱的日本酒。

編輯部：純粹喝威士忌的話呢？

佐久間：威士忌也是，如果是比較清淡的類型，有時可能會想用加冰塊、加水的水割，有時會想要慢慢地加冰塊或純飲。喝酒是一種興趣，也不是一定要怎樣才是最好，而是要看不同的時間場合，選擇當下想要喝的類型。

編輯部：所以您每天都喝嗎？

佐久間：每天都喝。

編輯部：Nikka 生產威士忌用的原料麥芽，全都是從外面買來的嗎？

佐久間：目前確實是這樣，公司沒有自行處理麥芽。

編輯部：請問是購自何處？

佐久間：主要是以蘇格蘭為中心的英國，另外也有一些從法國、德國與澳洲等地，說起來也算是從世界各地購買。

編輯部：那麼會針對泥煤處理程度等等細節提出要求嗎？

佐久間：我們通常會分成無泥煤、淡泥煤與重泥煤三種。

編輯部：比方像重泥煤的酚值大約是多少呢？

佐久間：以重泥煤來說目標是大約 50 ppm，雖然不是很容易，但大約是 50 ppm 以上。

編輯部：委託外部處理主要還是成本考量嗎？

佐久間：過去我們曾經以契約栽培的方式買過國內大麥，然後自己製成麥芽，自從不再自行處理之後，也曾經委託過啤酒公司。不過，由於國產大麥的價格非常高，就算把啤酒產業的需求都算進來，還是無法滿足成本需求，價格會因此欠缺競爭力，所以比較困難。

編輯部：貴公司生產的眾多威士忌中，麥芽威士忌和調和威士忌銷售比例大約各占多少？

佐久間：調和威士忌占絕大多數，敝公司最暢銷的酒款是「黑 Nikka」，約三百二十萬箱，如果以瓶數來算，大約占銷售的八至九成。

編輯部：難道沒有人提出希望你們推出更多麥芽威士忌的要求嗎？

佐久間：有的，特別是因為我們曾經在兩年前停產

了很多標示年份的酒款，因此很多消費者會特地詢問「什麼時候可以再次推出這類產品？」但是，因為這類產品相當耗時，我們也只能回答「還請繼續耐心等候」。

編輯部：海外市場的需求又是如何呢？

佐久間：這幾年有相當的增長，甚至每每是以倍數成長，但是由於方才也提過，我們庫存的原酒數量有限，因此也只能加以控管海外市場的數量。

編輯部：海外市場主要以哪些地區為主呢？

佐久間：臺灣和澳洲有一部分，但是主要還是法國、德國與英國等歐洲國家和美國。

編輯部：日本威士忌在海外市場的評價如何？

佐久間：近十多年來，包含敝公司在內的日本威士忌，在許多國際競賽屢屢獲獎，因此眾所周知，日本威士忌在國際市場都有相當好的評價。加上最近幾年的日本威士忌在海外的普及度也逐漸提高，嘗過日本威士忌的消費者數量也愈來愈多。我常參加海外各種展覽，也能切身感受到大家會因為聽到「Nikka」而被吸引或特別注意。

編輯部：你們的蒸餾廠目前也有舉辦導覽遊程，參訪的狀況又是如何呢？

佐久間：訪客數量有明顯增長，尤其去年特別突出，主要是隨著〈阿政〉的熱播而有巨幅增長。過去來訪的主要是觀光客，但這個數字在 2015 年卻創下了余市 90 萬人，宮城峽 33 萬人的史上最高紀錄。

編輯部：想請教佐久間先生在公司工作幾年了？

佐久間：我進公司已經三十四年了。

編輯部：不知道您在這三十四年一路走來，對生產威士忌這項任務有什麼感想？

佐久間：簡單的說，或許就是「永無止盡」吧。如同先前所言，必須將商品維持一定的味道是最基本的，但是我們同時也持續想辦法做出更好的東西。因此，我們每年都會在複雜的製程中，針對許多細節做些微的改變，如此一來，就能產出風味也有細微差異的原酒。雖然我們一方面持續產出同樣的產品，但是仍然希望可以繼續精進原酒的品質。

編輯部：不知道對您來說，所謂「好的原酒」是什麼樣的原酒？

佐久間：這或許很難用言語表達。簡而言之，或許就是「更好的原酒」。這應該很難明確說出「這種就是好」或「這種類型就是好」；就像吃東西，如果你想要吃「更好吃的東西」，但若是要說出「到底什麼才更好吃」恐怕很難，換成威士忌同樣也很難回答。只是心心念念想著，是不是有可能做出更好的威士忌；所謂更好的威士忌，可能是非常稀有高價的極品美味，也可能是讓一般日常飲用的威士忌的風味再更上層樓。

編輯部：當初在出版波本威士忌的書籍時，我曾與和智先生一起買來五、六十瓶波本威士忌進行試飲。當我們比較波本和蘇格蘭威士忌時，總感覺波本「好像就是比較粗曠」、「好像就是比較刺激」等等，但是一旦開始接受「波本就是波本」時，好像反而才能體會出真正波本的美味。當初竹鶴先生到了蘇格蘭學習蘇格蘭威士忌的製造，並且希望能在日本師法蘇格蘭當地的作法，才有了日本威士忌的誕生，但是，今後日本威士忌將會如何發展，不知道您有什麼看法？

佐久間：讓我概論今後的「日本威士忌」或許有些困難，但如果單說 Nikka 的威士忌，當然，竹鶴先生當年是為了要在日本重現蘇格蘭威士忌才創立了公司，他選擇了和蘇格蘭相同的設備，結果也達到了品質和蘇格蘭非常接近的成果。可以說是蘇格蘭威士忌的同伴，至少不像蘇格蘭和波本威士忌之間有著明顯的差異。當然，日本和蘇格蘭之間還是有些微風土差異，但是由於原料和製法都一樣，自然產生這樣的結果。再者，由於我們也一直精進製法，許多細節也可能有微妙的不同，但畢竟原料和製法都相同，因此不可能產出截然不同的東西。另一方面，由於日本不像蘇格蘭擁有數目眾多的蒸餾廠，為了要在一家蒸餾廠內產出各種類型的原酒，我們會在泥煤的程度做變化，或者透過購買不同國家的麥芽增加多樣性，又或是在發酵過程使用多種酵母，還有改變蒸餾的方式與使用不同木桶等等，透過各式各樣的方式增加原酒的多樣性。因此，我們能產出一些不同於蘇格蘭威士忌的東西，但是，原理上還是和蘇格蘭使用相同的原料與製法。

編輯部：蘇格蘭和美國都有所謂的「威士忌法」，為什麼日本沒有？

佐久間：我想應該是因為發展進程有根本的不同，因為蘇格蘭最早是先有麥芽威士忌，接著在十九世紀中期才有了穀物威士忌。因此當時其實有「穀物威士忌其實不算是威士忌」的爭論，但最終他們還是接受了「穀物威士忌也應該是威士忌」，因為有人開始考慮「混和兩者的又該算什麼呢」，於是才擴展到全球範圍。雖然我們不能很確定當時蘇格蘭威士忌的定義到底是何程度，但一定和今天的定義不同。接著，因為產品銷往全球，為了保護蘇格蘭威士忌的聲譽，才有了日後蘇格蘭威士忌的詳細定義。明訂必須在蘇格蘭釀造、蒸餾且經過三年以上的儲存等規範。日本因為原本就沒有威士忌產業，直到竹鶴政孝前往蘇格蘭學習，壽屋才在國內開始製造。因為當初也只有一家公司生產，爾後雖然也有了 Nikka，但是仍然不算已有堪稱產業的基礎，當然也就沒有所謂針對威士忌的定義。

編輯部：由於海外市場現在開始對日本威士忌相當有興趣，加上臺灣與印度也都有威士忌生產商，日本未來肯定也會持續出口日本威士忌，屆時是不是需要有一些關於產品的可追溯制度或定義呢？

佐久間：這當然僅是我個人的想法，我不認為需要有關於「日本威士忌」的詳細定義。我們應該不需要強調什麼是日本威士忌，只要能夠說明「Nikka威士忌」是什麼，也許就可以算是某種可追溯制度，我認為沒有必要用強調「日本威士忌」的方式銷售。

編輯部：若是針對日本威士忌，我們有木桶熟成必須多久的規範嗎？

佐久間：日本可以完全不經木桶熟成。只要最終的風味是好的就可以了，所以就算沒有制度限制，一樣能產出美味的威士忌。我們不見得需要某種制度規範，才能產出好的威士忌。我個人認為，如果能夠靠制度規範讓味道變好，固然很好，但是光靠制度規範，其實是無法讓味道變好的。如果生產者沒有抱著「要做出好味道」的心態，就不可能做出好的酒。因此，即便日本威士忌訂出了明確定義，對於提升品質應該也沒有太大的意義。

編輯部：國際威士忌品評常會按照不同類型分別評比，現在也有了「日本威士忌」的類別，關於這點您的看法是？

佐久間：這應該只是主辦方為了方便行事的考量，或者在某些情況，也有可能是不希望讓蘇格蘭和日本威士忌在同一個舞臺較量才做出的區隔；萬一放在一起比較，最終是由日本威士忌獲勝，蘇格蘭威士忌似乎會有點沒面子，所以刻意分開。當然，實際的意圖我並不清楚，但某種程度上，分類只是一種能隨意操控的東西，沒有太大意義。即便是蘇格蘭威士忌，也有風味相當不傳統的可能，所以更重要的應該是品牌。因為，就算符合蘇格蘭威士忌的定義，也不見得就有很好的品質，因此先前我才會說「沒有太大意義」。

舉例來說，我們某些產品也曾經用過波本或加拿大威士忌，或者用大量艾雷島的麥芽調配成純麥威士忌，或者混和麥芽和裸麥等原酒產品。這些產品在日本當然也屬於威士忌的範疇，但是是否能稱為日本威士忌就又是另外一個問題了。不過，如果它們

169

都無法稱為日本威士忌，而只能以 Nikka 威士忌的身分立足，我們也只能接受這樣的結果。

編輯部：想請教目前貴公司威士忌出口到海外的占比大約多少？

佐久間：由於目前我們正好在調整出貨比例，以箱數來說大約是十五萬箱左右，相較於過去出口幾乎是 0%的狀況，可以說是大幅增加。

編輯部：想請教目前余市蒸餾廠的產能利用大約是什麼狀況？

佐久間：基本上是完全利用，但是並沒有到二十四小時三班制，也就是只有白天的上班時間會運轉。

編輯部：那麼，這樣一年大約能生產多少原酒？

佐久間：這並不是對外公開的數據，但是以產能而言，大約可以有 200 萬公升左右吧。

編輯部：請問陳年培養用的是什麼木桶？

佐久間：我們基本上使用美國白橡木，也有一小部分水楢木，雪莉桶也是以美國白橡木為主，另外搭配少數歐洲的。

編輯部：請問大約使用多少波本桶？

佐久間：我們也使用很多波本桶。

編輯部：請問使用頻率最高的是哪一種木桶？

佐久間：使用最頻繁的應該是用過很多次的舊桶，如果不考慮第一次填充，我們使用相當多二次填充的舊桶。第一次填充則是波本桶最多，再來是雪莉桶和新桶。

編輯部：新桶用的都是國產木桶嗎？

佐久間：這倒沒有，現在國產和進口兩種都有。部分是我們自己製作，部分委託國內木桶廠商生產，另外也有委託國外木桶廠生產。

編輯部：貴公司自產的木桶在哪裡生產呢？

佐久間：我們的栃木工廠裝有生產新桶的設備，不過那兒並不是每天都有生產，而是集中在某段時間製作新桶，平常則只進行一般維修。

編輯部：請問六位調酒師年紀最輕的是幾歲呢？

佐久間：應該是三十歲左右吧。

編輯部：請問佐久間先生是什麼時候成為調酒師的呢？

佐久間：約在四年半前。

編輯部：調酒師是否是經驗愈多就能做得愈好？

佐久間：當然，某種程度上經驗是很重要的，但是成為調酒師並不需要什麼特殊的能力，甚至也沒有什麼特別的訓練。

編輯部：難道嗅覺或味覺不需要特別敏銳嗎？

佐久間：像我自己本身也是從完全沒有經驗開始，來到調酒室之後才開始累積經驗。成為一位調酒師所需的知識或經驗，既不是在調酒室裡就能學全，也不是只靠師徒傳承就能養成。

編輯部：您有抽菸的習慣嗎？

佐久間：並不是說完全不能抽菸，但在公司工作時當然不會抽，而且，不只是香菸，任何味道過重的東西都不能碰。

編輯部：飲食方面有需要特別注意什麼嗎？

佐久間：飲食方面也是，平日不會碰味道太重的東西，如大蒜之類會在身上殘留味道的基本上都不行。因為總不能說當其他人拼命聞味道的時候，反而產生其他味道干擾別人。所以，意思並非吃的東西會影響自己的嗅覺味覺，而是身上不能有其他多餘的味道。

編輯部：那麼酒也不能喝太多囉？（笑）

佐久間：酒倒是喝蠻多的，因為我很愛喝酒（笑）。不過，就算多喝了一點，只要在恢復正常之前，不進行調配的工作就可以了，所以並不需要特別清心寡慾之類的，我們過的也是一般人的生活。只是不能把多餘的味道帶到工作場所。

編輯部：您平常都喝些什麼酒呢？

佐久間：最常喝的應該是「黑 Nikka」系列吧。我

喝的量不算少，所以選擇這個價位很平實的酒。

編輯部：以「黑 Nikka」系列而言，麥芽原酒基本的比例約占多少？

佐久間：這類普及酒款，麥芽原酒通常約占二至三成。

編輯部：原酒種類約有多少呢？

佐久間：這我倒沒仔細算過，但一般少說也有數十種，多則可達上百種。

編輯部：這還蠻令人意外，穀類原酒也很多種嗎？

佐久間：穀類原酒會依原料的組成比例、使用的酵母、蒸餾度數與木桶種類等，分成很多類型。

編輯部：其中有被當作風味主軸的麥芽原酒嗎？

佐久間：與其說是風味主軸，不如說是酒款的個性。比方說「新桶香氣比較強」、「雪莉風味比較強」、「波本風味很強」或「泥煤味比較重」等等。也有很難明確表達的個性，也許可以用像是「果味豐富的原酒」、「華麗的原酒」或「稍帶澀味的原酒」等，因為我們的原酒類型很多，因此會以不同的排列組合調配。

編輯部：真希望能有機會嘗試一下這樣調配工作。

佐久間：目前，我們的宮城峽蒸餾廠「我的調配教室」有提供類似的體驗，另外總公司地下調酒師酒吧，也有提供六種性格迥異的原酒，讓訪者可以用這些原酒體驗調配。

編輯部：原來如此，先前您說了一般只會用到約二至三成的麥芽原酒，像我這樣的一般人應該會很想加多一點麥芽原酒吧。

佐久間：這倒是（笑），大家通常都會這樣，但是一般調和威士忌裡還是穀物威士忌占比較多。

編輯部：如果增加麥芽原酒，風味彼此容易不協調嗎？

佐久間：沒錯。性格都是強烈的原酒很難彼此取得平衡。大家通常會覺得「既然喜歡強烈的香氣，所以就多加一點吧」，但其實反而應該只加少量，才更能突顯風味。當然，若只是嘗試調配倒是無妨，但如果想要做出風味真正均衡的威士忌，反而必須特別克制原酒的使用量。

編輯部：如果一般調和威士忌只用約二至三成的麥芽原酒，聽起來基本穀物威士忌就非常重要了。

佐久間：確實，特別是敝公司又是使用柱式蒸餾器中特別老式的「科菲柱式蒸餾器」，而且幾乎就是「科菲式蒸餾器」的初始原型，因此無法像日後改良的新式機器以更高的效率蒸餾出純度更高的酒。此外，這種老式蒸餾器還會殘留原料的香氣，但是，這反而讓穀物威士忌不只是純粹的酒精，而帶有更多來自原料的複雜風味，不只更適合用在調配，也會隨著陳年而發展出更好的風味，因此我們也認為，使用這種老式的「科菲柱式蒸餾器」製成的穀物威士忌調配，正是我們調和威士忌的特色。

編輯部：穀物威士忌通常會經過多長時間的熟成呢？

佐久間：有的很年輕，有的則會經過幾十年培養，很多元，其中最老的甚至有超過四十年以上的穀物原酒。

編輯部：穀物威士忌也會依不同酒款，而使用不同原酒嗎？

佐久間：沒錯，雖然不盡然是愈老的就一定愈好，但基本上價格愈高的酒款也會使用愈多年數更高的穀物原酒。或者反過來說，愈老的原酒留下來的都是好的味道，所以有的我們會覺得「再放幾年會更好」而刻意留存不用。所以留下來的當然都是好的。

編輯部：如果感覺「再放幾年會更好」的話，就會刻意留存？

佐久間：對，因為我們必須在產出商品的同時，考慮到未來還能有哪些庫存可用。

編輯部：最後想請教，您希望消費者如何享受威士忌？

佐久間：不管是調成高球、水割或純飲，任何一種喝法都好。因為即便都是威士忌，大家也有可能在口渴時很想冰冰地大口暢飲高球，或者想慢慢享受時加點冰塊；依照不同場合和需求，只要是你想使用的方式，就都是很好的喝法。

編輯部：非常感謝您百忙之中抽空接受訪問。

鮮明強烈，
風味複雜的桃花源

NIKKA WHISKY FROM THE BARREL
來自原桶

500ml 51%

酒款印象

　　甚少接觸國產酒的我其實最近才知道這款酒的存在。酒名給人的直覺印象應該就是原桶強度（cask strength），也就是一種維持木桶酒精濃度的直接瓶裝威士忌。不過，其實這款威士忌由多種原酒調配而成（包括多種麥芽和穀物原酒），而且調整酒精濃度後並不會馬上裝瓶，而是將完成的調配再放入木桶培養，最後完成這款調和威士忌。最終階段於木桶融合的酒液會直接裝瓶，因此酒精濃度保持木桶中的51.4％，將桶陳狀態的香氣和口感完全保存在瓶中。容量 500 毫升的四方瓶型有種短小精悍的氛圍，似乎讓人不敢小覷瓶內的酒液。不過，酒瓶的形狀卻讓把酒倒入小型古典杯的動作變得有點挑戰。

　　酒精濃度雖有 51.4％但並未帶太多嗆辣、揮發或刺激感。首先感到的是柔和，一旦入口，便能從舌上的灼熱確實體會到酒精濃度，讓人不自覺露出滿意的神情。口中的濃縮風味就像酒瓶形狀給人的印象，除了熟成的香草和濃厚的焦糖，還有某種如紅玉蘋果的清爽酸度讓口感更添深度且集中持續。就連桶香都控制得恰到好處，悠長的餘韻仍能感到隱隱綿延的酸和苦。加水之後，雖然削弱了熟成風味，卻並未影響整體均衡，反倒突顯了苦味和甜味。我個人通常加水不會超過兩成。另一方面，加冰塊雖然會因溫度下降而削弱了香氣表現，但酒精仍然某程度展現出濃郁風味的本質。倒是水割就比較掃興了，除非能將碳酸掌握在較低的分量，倒是仍能保存香草的香氣，同時因為碳酸而增加甘甜感，算是低空掠過。真的不喜歡純飲的人，建議可以加水約 5 ～ 10％，就可以在不減損原本香氣口感和均衡的情況下，有同樣的享受。

　　另外，我個人雖然往往視得獎紀錄為無物，但是當我知道這款酒在 2015 年國際烈酒競賽的威士忌類別中擊敗所有參加酒款，獲得「金盃獎」（Trophy），更體會到威士忌果然不是只看「價格」就好。

參考零售價 2,592 日圓／實際售價約 2,200 日圓

和智		85分
		100
高橋		86分

溫和柔順的
百分百純麥

ALL MALT
全麥

700ml 40%

酒款印象

由罐式蒸餾器生產的麥芽原酒與柱式蒸餾器的麥芽原酒混調而成，為一款罕見的調和麥芽威士忌。一般而言，由於柱式蒸餾器產出的酒液酒精濃度偏高，原材料的雜味成分多半會去除，因此很少以柱式蒸餾器製作麥芽原酒，但是宮城峽蒸餾廠卻因為使用的是古董柱式蒸餾器，因此除了蒸餾穀物原酒，也會蒸餾麥芽原酒。柱式蒸餾器產出的麥芽原酒，又和罐式蒸餾器所得的風味略有不同，由於柱式蒸餾器的是雜味更少的純粹風味，因此不管是用做單一麥芽或調和威士忌，甚至像這樣做成調和麥芽都可以，是用途相當廣的原酒。

當我在古典杯倒入約兩個一口杯（shot）時，首先出現的是酒精，不過雖有源自酒精的辛辣，卻少有刺激感，只覺溫和柔順。接著，在華麗的果味外還揉合香草的煙燻風味，讓風味輪廓立體，氣氛絕佳。風味的中段除了蘭姆葡萄乾外，還融合了焦糖般的香甜焦香，還有甜熟水果的酸度，口感濃密。後味則是苦韻綿延。

加冰塊後，原本的濃密感不再，華麗的香氣變化也隨著冰塊融化而愈見淡薄，如果想要感受風味的變化，倒也無傷大雅，但如果想要慢慢品嘗酒款風味，我個人還是建議加水即可。這是一款只要遇見就會想一再品嘗的酒款，可惜如今已經停售。

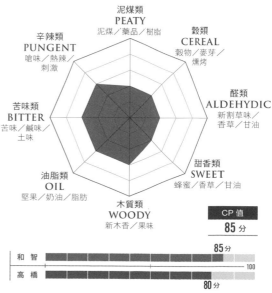

酒款印象

　　突如其來的威士忌風潮使得許多蒸餾廠庫存的特定原酒，一時之間都面臨了吃緊的問題，因此很多過去持續銷售的「12 年」、「17 年」等酒款，也都突然從市場上消失。這個近年發生的變化，雖然或許對威士忌生產商而言是件好事，但對於像我這樣的威士忌愛好者來說，卻是不折不扣的壞事。這大概也算是受大量湧入的新進愛好者所累，許多曾經標示年份的酒款，如今都只能推出同名無年份版本，這款「竹鶴純麥」就是其中之一。我曾經在某位愛好者的慷慨招待下，嘗過「竹鶴 17 年」，留下相當難忘的經驗，後來更想方設法也買了一瓶。在這樣的前提下，我個人推測這款「竹鶴純麥」主要使用的原酒應該至多只有八、九年而不到十二年。因此，雖然對這款酒並沒有特別期待，卻仍然頗感好奇。

　　倒入古典杯後，首先感覺到刺激和揮發感較突出的細微酒精，混和著合成樹脂類的有機溶劑與松樹皮等氣味，但未感覺到泥煤。入口後倒是才有些微泥煤風味，源自木桶的木質感混和了香草焦糖般的甘甜香氣，但欠缺燻烤風味，倒是有混著酸味的酒精揮發和辛辣風味。加水後揮發感變淡而圓融感增加，同時也出現了更多泥煤類風味，但整體口感均衡沒有太大變化，始終很穩定。尾韻則有苦澀相繼牽引，然而我當初在古典杯倒入兩個一口杯的分量，卻在喝掉約三分之二時，很訝異地發現香氣已經幾近全然消散。如果是「快攻快打」倒是不成問題，但若是像我一樣須慢慢品嘗各種滋味，再加上要寫品飲紀錄，這款酒的消散速度就有點讓人躊躇了。整體而言，這是一款華麗感充足，但風格並不強勁的威士忌，僅有淡淡的「余市」模樣，因此讓人覺得酒款要命名為「竹鶴」有略嫌不足之感。對我而言，畢竟須先有足夠的余市風格，才能冠上「竹鶴」之名。

參考零售價 3,240 日圓／實際售價約 2,800 日圓

主題清楚的
苦甜饗宴

TAKETSURU PURE MALT
竹鶴純麥

700ml 43%

	CP 值
	80 分
	90 分
和 智	100
高 橋	**90** 分

以創業者之名的必殺酒款

TAKETSURU PURE MALT
竹鶴純麥 17 年

700ml 43%

酒款印象

當初在餐飲市場對威士忌的需求日趨蕭條、環境漸形嚴酷時，這款「以創業者之名為市場攻防立下最後要塞」而推出的「竹鶴12年」，最終成為銷量五十四萬瓶的暢銷酒款。2000年推出的「竹鶴12年」，如今也有「無年份」、「17年」、「21年」、「25年」等四款。由於「竹鶴」是以展現余市和宮城峽蒸餾廠特色的原酒調配而成，加上近年日本威士忌的人氣急速上升且囊括許多獎項，熟成原酒不免面臨因需求大增而不足的問題，酒款的產量也進而受到影響。目前標示年份的酒款由於數量相當有限，現身市場的機會也愈來愈罕見稀有，價格也難免出現比出廠價格更高的情形。

酒款很容易能感覺到撲鼻的餅乾、葡萄乾、花香類等葡萄和柑橘類水果的宜人香氣。常溫下飲用這款酒精濃度43%的純麥威士忌，能在華麗的酵母類香氣外感受到些微的泥煤風味。這也是日本威士忌相當罕見的泥煤風味，後味綿延著優雅的蜂蜜和苦味，酒體飽滿結實，能帶來優質的威士忌體驗。此酒款由於和無年份酒款的價差明顯，因此就算買不到這款威士忌，也很推薦從無年份開始嘗試。

參考零售價 7,560 日圓／實際售價 16,600 日圓以上

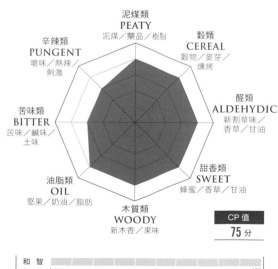

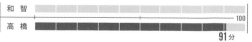

信心滿滿的作品
身為日本威士忌的自覺

SINGLE MALT YOICHI
單一麥芽余市

700ml 45%

酒款印象

　　這款直接冠上北海道余市蒸餾廠名稱的酒款，可以被視為最能代表蒸餾廠風味的信心之作。創業者竹鶴政孝當初在日本各地自然環境中好不容易選定余市設立蒸餾廠，這裡整年受到日本海海風吹拂，夏季最高氣溫也不過攝氏 28 度，冬天更是寒冷多雪，可謂最適合釀造威士忌的環境。因此，在此環境下熟成的「余市10 年單桶」曾參加世界威士忌大獎（World Whiskies Awards, WWA），並在全球共兩百九十三款威士忌中獲選為「最中之最」（Best of Best），「單一麥芽余市 1987 年」也曾獲選為最佳日本單一麥芽威士忌。至於繼承余市血統的這款酒到底風味如何？

　　打開圓肩酒瓶封條後，注入古典杯之際首先能感覺到源自穀物的甘甜香氣，以及有酒精刺激陪襯的苦味。口感部分則是以伴隨果香的苦味為主軸，緊接著是柿乾、肥皂及成熟葡萄的風味。一款麥芽威士忌能帶來如此豐富的感受，實屬不易，不，應該是值得脫帽致敬。各項要素皆沒有任何減損美味的部分，不只如此，這款威士忌還清楚自己的特色和主張。充滿身為日本威士忌的自信。加水之後，更突顯果味、苦、甜與泥煤等，舌上的些微刺激也恰到好處。不知不覺就會滿足地喝完一整瓶。

參考零售價 4,536 日圓／實際售價約 3,300 日圓

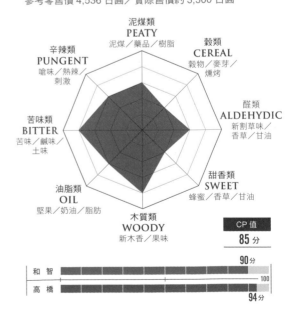

源於苦味和澀味的
複雜風味

SINGLE MALT MIYAGIKYO
單一麥芽宮城峽

500ml 45%

酒款印象

　　當初竹鶴政孝在北海道余市蒸餾廠，完成了心目中坎貝爾風格的威士忌後，為了進一步提升調和威士忌的完成度，也為了釀造出斯貝塞風格原酒，精心建造了仙台的宮城峽蒸餾廠。冠上廠名的「單一麥芽宮城峽 15 年」，曾在 2007 年於瑞典舉辦的單一麥芽世界盃獲得最高榮譽。此後，陸續推出了「宮城峽 10 年」、「宮城峽 12 年」、「宮城峽 15 年」，但目前因熟成原酒嚴重不足，只剩下無年份酒款。宮城峽蒸餾廠的特色是包藏在果味中的沉穩苦味和酸度，與余市蒸餾廠結實豐厚的泥煤風味截然不同，不同的風格無所謂孰優孰劣。

　　酒款實際嘗起來則充滿果味和麥芽。入口能感受到隨著刺激感而來的美味在口中擴散，滿是幸福的感覺。杜鵑花蜜、煉乳、葡萄乾、石榴、濃郁的紅茶、柿乾與山藥等香氣一齊襲來，屬於充滿個性的複雜風味。純飲就能帶來相當深厚的滿足感，甚至不會讓人想加水。結尾則有複雜的苦甜感，儘管持續的程度不如預期。此外，我試飲的是容量僅 500 毫升瓶裝，不一會兒就喝完了。就算沒標示年份也相當美味。

參考零售價 4,536 日圓／實際售價約 3,300 日圓
※700 毫升「宮城峽 15 年」實際售價 33,000 日圓以上

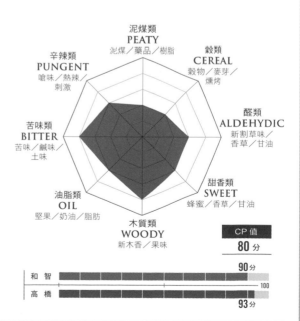

極其驚人的科菲穀物

NIKKA COFFEY GRAIN WHISKY
Nikka 科菲穀物

700ml 45%

CP 值
85 分

酒款印象

在由麥芽和穀類原酒組成的調和威士忌中，以裸麥和玉米等為主原料的穀類原酒通常是由柱式蒸餾器蒸餾。但是 Nikka 使用的柱式蒸餾器是類似柱式蒸餾器原型的「科菲柱式蒸餾器」。雖然這種舊型柱式蒸餾器某些細節構造有些不同，但也是目前美國波本威士忌（若按原料分類，波本威士忌也屬於穀類威士忌）頗受歡迎的主流機種之一，能為新酒保存來自原料的香氣口感。而宮城峽蒸餾廠的這款「科菲穀物」，無疑是這項特色的最佳展現。但是由於仍然調配了少量的麥芽原酒，因此無法稱為單一穀類威士忌，此為一款穀類原酒占大多數，同時搭配微量麥芽原酒的調和威士忌。

甫一開瓶還未倒酒之時，只要將鼻子湊近瓶口，就能感受到源自酒精的甜香和揮發感。在古典杯倒入約兩個一口杯的分量品嘗，儘管首先感覺到的是酒精的揮發感，卻沒有酒精的刺激，反而是源自酒精的辛辣感。隨著香氣之後的口感，則有和波本共通的圓潤感和澀味、略帶焦香的焦糖甜香、熱帶甜熟水果的酸味，以及苦巧克力的苦味，融於一體。同時巧妙地揉合了酒精的辛辣感。

加水之後，焦糖類甜香被沖淡，接著浮出穀類的甘甜。香草之外還有強勁的苦味和澀味，而不只是甜香調性，這應該也是穀類原酒為主才有的特徵。結尾則能感覺到辛香苦味和香草，澀味也在舌上久久不散，留下宜人的綿長餘韻。

難得我手上同時有「科菲穀物」和「科菲麥芽」兩款酒，當然難免想試試自己調配一款調和威士忌，不過，最終還是打消了念頭。為什麼？因為首先穀類原酒並非單一穀類，此外，更重要的是這款「科菲穀物」已經是根本不會讓人想再進行調配的「完成品」。同時比較這兩款酒時，能清楚地感覺到 Nikka 開發這兩款產品時的獨特企劃能力，以及透過最終成品展現的明確風格差異。

參考零售價 6,480 日圓／實際售價約 4,600 日圓

和智　　　　　　　　　　　　　　　　**95**分
　　　　　　　　　　　　　　　　　　　　　100
高橋
　　　　　　　　　　　　　　　　84分

令人驚豔的未知風味

NIKKA COFFEY MALT WHISKY
Nikka 科菲麥芽

700ml 45%

酒款印象

在描述這款酒的風味之前，雖然各位威士忌迷或許已經聽到耳朵起繭，仍請容我先說明一下：所謂的調和威士忌，是由多數的麥芽原酒和多數的穀類原酒組合調配而成。穀類威士忌之所以能量產，又是拜愛爾蘭蒸餾家兼發明家與設計師的科菲所賜，他在 1830 年代推出的高效率柱式蒸餾器也因此冠上了他的名字，通稱為「科菲式蒸餾器」。如今，相較於最新式蒸餾器，科菲式蒸餾器的效率已顯得大幅落後。最新柱式蒸餾器的單次蒸餾就能連續產出接近純酒精的新酒，酒精濃度達 90％以上。但是，如此幾乎接近純酒精的極致純粹威士忌，卻也同時去除了堪稱麥芽原酒生命線的種種所謂「雜味」，因此一般幾乎不會用柱式蒸餾器製作麥芽原酒。但 Nikka 卻靠著 1999 年從西宮蒸餾廠搬遷到宮城峽的「科菲柱式蒸餾器」，毫不遲豫地打破了這個慣例，最終完成了這款「科菲麥芽」，以源自舊式柱式蒸餾器的獨特風味，打造這款性格獨具的威士忌。光是將酒倒入古典杯，隨即能感受到濃密的木質桶香，在源自雪莉桶的硫磺、橡膠等硫化物風味的襯托下，同時展現的是熱帶水果的華麗甜香。儘管風味偏好或許見仁見智，但是對我來說，這確實是舊型柱式蒸餾器才有的特點，因此如果從強調獨特個性的觀點來看，這款威士忌絕對是眾多日本威士忌中足以比擬「科菲穀物」，極具競爭力的傑作。風味表現似乎更偏向甘甜。初始香氣之後，接著是融合了辛辣的苦味和帶有香草的焦糖甜香，襯出濃密的酒氣。加水之後，木質香上浮，甘甜感中更多了複雜的穀物和苦味。同時還有絕佳的酸度收束，讓整體口感不致於流於平板，反而添加深度，令人佩服。從「余市蒸餾廠」和「宮城峽蒸餾廠」的單一麥芽之外，Nikka 還能推出這種針對酒癡且性格截然不同的獨特酒款，不難看出背後令人敬佩的商品企劃力。

參考零售價 6,480 日圓／實際售價約 4,600 日圓

		90分
和 智		
		100
高 橋		
	85分	

CP 值
80 分

179

SUPER NIKKA
日本調和威士忌的王道

酒款印象

　　最早的「Super Nikka」，是由竹鶴政孝在1962年當時推出的力作，以余市蒸餾廠的精選麥芽原酒為主幹，為當時年產量只有一千瓶的珍稀酒款。雖然名義上是調和威士忌，但實際上卻幾乎就是單一麥芽，是市面相當罕見的夢幻酒款。當初連酒瓶都是都是精品等級的手工吹製水晶玻璃。新推出的「Super Nikka」，則是只有使用相同的復古瓶型，瓶中內容物則是2009年更改過的調配。

　　直接品飲，首先感覺到的是酒精的揮發和刺激感，伴隨著辛辣的味道及些微的泥煤香。這若有似無的泥煤味，讓風味核心的酸和苦更增添了深度。這像是某種酸味更勝甜味的蘋果酸度，加上焦糖的香甜和乾果類的油脂後，構成了複雜風味。後味則有香草和強勁苦味，並伴隨澀味，強化了酒款整體風味的起承轉合，而不是僅有平板柔和的性格。當然，另一方面也可以說是這些更尖銳的風味削弱了熟成感，在追求圓熟柔和方面仍顯力有未逮。或許這是酒廠希望能滿足多數人而做的選擇，但是我個人認為，更清晰地界定酒款路線是柔順圓熟或鮮明突出，或許更有助於讓飲者清楚掌握酒款風格。

　　隨著陸續加水，浮現更多苦味和辛辣，酸度和甜味等原本華麗的表現則隨之變淡，倒是出現更多清爽的酸度，一杯接著一杯也不嫌膩。這個特色甚至在加冰塊之後也一樣維持，即便溫度下降風味變薄，仍有清晰的焦糖和香草甜香，應可歸類為稍微高級一點的「日常用酒」。如今的「Super Nikka」已與第一代推出時明顯不同，現在還有各種以宮城峽蒸餾廠的麥芽原酒加上同廠穀類原酒調配的酒款，旗下品牌也有更豐富的選擇，因此相較於著重過去的「Super Nikka」，選擇創造全新版本顯然是更妥當的做法。我雖然也沒喝過當初的第一版，但想從此款威士忌找尋當年「Super Nikka」的影子，怕是要緣木求魚了。

參考零售價2,700日圓／實際售價約2,000日圓

RARE OLD SUPER
Super Nikka

700ml 43%

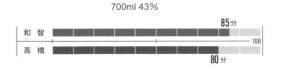

	85分
和 智	100
高 橋	
	80分

CP 值
85分

易飲度為重的十二年酒款

THE NIKKA 12YEARS OLD
The Nikka 12 年

700ml 43%

酒款印象

　　於 2014 年 9 月推出的「The Nikka 12 年」，當年是以 5,000 日圓的價格問市，但「40 年」卻是以百倍於「12 年」的 50 萬日圓創下天價。同年同月，NHK 播出晨間連續劇〈阿政〉。

　　酒瓶大概是為了沿用「40 年」的設計，擁有比一般 12 年酒款更大的木塞設計與氣勢十足的名稱。此酒款酒色呈淡金黃，陳年時間更長的「40 年」則呈深棕。鼻子湊近瓶口就能聞到淡淡的果香和些微的泥煤風味。接著則有源自穀物的豐富熟成感逐漸升起，並能感到黑蜜類的香氣。接著，我在古典杯倒入約兩指分量開始品嘗。這款號稱「12 年」的頂級調和威士忌，和相同價格帶的蘇格蘭威士忌一起品嘗時，就算或許在燻烤風味稍弱一些，但是在複雜度和熟成感的部分，卻一如預期地旗鼓相當。直接飲用時，先是能感到苦和酸，接著有果味和甘甜緩緩擴散。幾乎感覺不到源自酒精的揮發和刺激感，讓人幾乎要懷疑酒精濃度是不是真有 43%。果然是一款廣為日本人接受的沉穩複雜調和威士忌，實力堅強。難道是因為「科菲穀物」的原酒太好了嗎？還是因為調配功力高深？總之，這是一款就算每天喝應該都不會膩的酒。加水兩成之後，則變身成溫柔圓順的香甜風味，實是好喝、價格也很實在的優質威士忌。不禁讓人好奇，如果「12 年」已經這般美味，真不知「40 年」會是什麼味道。儘管期待很高，不過考慮到極端的高價，終究只能想像。

參考零售價 6,480 日圓／實際售價約 5,000 日圓
「The Nikka 40 年」實際售價 780,000 日圓以上

| CP 值 |
| 85 分 |

		85 分
和 智		
		100
高 橋		90 分

HI NIKKA
Hi Nikka

720ml 39%

酒款印象

　　儘管純粹是我個人的判斷，但我認為這款「Hi Nikka」，應該是 Nikka 用以對抗三得利「紅標」的產品。過去我曾將此款威士忌評為「沒有評分的需要」，沒想到這次喝了之後，卻得到截然不同的印象。從當年如同只含有些許麥芽原酒的二級威士忌醜小鴨，搖身一變成為能清楚感受到麥芽和穀物原酒風味的天鵝，完全令人認不得當初模樣的大變身，可謂相當讓人驚豔。

　　雖然在圓滑中能感到酒精的刺激，卻沒有酒精的揮發感，反而能輕易感受到桶香與木質香氣，同時尚有些微泥煤風味。在伴隨著焦和澀的焦糖甘甜以及木質感香草風味之下，還有偏濃的口感。只是整體風味仍顯平板，既無高峰也無低谷，直愣愣地不乾不脆。另一方面，這或許也是酒款為了表現熟成和圓潤口感而做的取捨，因此以這種程度而言，還是滿足了一款威士忌該有的味道，也算優質。如今的評價應該是一瓶「可喝」的酒款，希望風味能繼續保持。

參考零售價 1,296 日圓／實際售價約 1,100 日圓

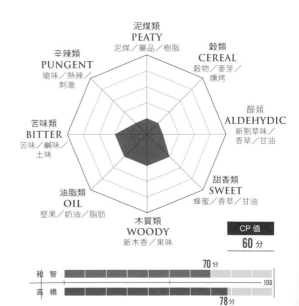

對正統的堅持

BLACK CLEAR
純淨黑 Nikka

700ml 37%

酒款印象

　　我人生第一款自己花錢買的威士忌，就是 1966 年的黑色方形酒瓶，這是第二代的一級威士忌「黑 Nikka」，當時酒款上市的一年後仍是同時附贈酒杯和菸灰缸的禮盒。我還記得當時是因為一瓶酒的價格，就能買齊自己所需的東西才讓我做出這個選擇，沒想到從此踏上了威士忌愛好者之路。更早的第一代「黑 Nikka」則是 1956 年發售的特級威士忌，還記得當時所謂的威士忌分級，對像我這樣的入門者來說確實有參考作用，因此對「黑 Nikka」名稱難免懷有特殊的感情。

　　這款「純淨黑 Nikka」當然也是當年並不存在，後來才於 1997 年加入。典型為了迎合日本人口味而設計，使用無泥煤的麥芽原酒，摒除了煙燻風味，甚至與當年「黑 Nikka」版本也截然不同。這款酒更在十週年紀念的 2007 年經過改版，後來在 2011 年又變成今日的最新版。

　　由於酒款設定的主要目標是無泥煤風味的低酒精濃度，因此想像中應該無甚吸引力，想不到倒出酒液之後，卻有可能是源自於燻烤木桶的些許焦香，口感甚至頗為複雜，同時帶有應是源自於穀物原酒的穀物甘甜香。此外，甜味的另一面還有苦味支撐，如果只是加冰塊，應能良好地維持風味均衡。但若是以水割的方式飲用，難免減損了威士忌的美好風味，因此如果能僅限於純飲或加冰塊則相當不錯。不過，酒款名稱似乎也強調屬於絕大多數日本人都接受的「淡雅」印象，那麼或許這款酒的風味其實仍保有其特色，也算是強調正統威士忌風味的 Nikka 最後堅守的底線吧。

參考零售價 972 日圓／實際售價約 700 日圓

CP 值
60 分

和智		70分	
			100
高橋		73分	

六十週年的大鬍子黑牌

BLACK DEEP BLEND
深調和黑 Nikka

700ml 45%

酒款印象

　　這款「深調和」用來取代 2015 年結束販售的「黑 Nikka 8 年」。當初「8 年」是以余市和宮城峽兩間蒸餾廠的麥芽原酒為主幹，同時調配了以「科菲柱式蒸餾器」產出的穀物原酒，因此算是相同價位帶鮮少標有年份的酒款，鎖定的便是重度愛好者。但在現今日本威士忌風潮下，各種調配所需的原酒難免一一面臨酒倉庫存不足，甚至可能耗盡的問題。因此近兩年各家酒廠開發商品時，都盡量避免集中使用特定原酒，是以催生了這款威士忌。儘管這是一款以新桶熟成麥芽原酒為主的調和威士忌，但是由於酒精濃度設定在較高的 45%，能在純飲的一開始就感受到伴隨泥煤風味的酒精刺激感和揮發性。在香氣方面，除了明顯的木桶香，還有泥煤、辛辣、些微橡膠以及帶有乾果油脂的香草風味，緊接著是柑橘類果香。在這些陸續出現、層層建構起的華麗厚重感裡，又有難以言喻的粗獷，共同建構出最終力道強勁的印象。加冰塊儘管味道變得較淡，但在甜香中反而能感受到更強的木質風味，似乎更顯濃郁。我分別以純飲、加水與加冰塊試飲，基於較高酒精濃度和力道強勁的口感，我會建議避免以水割方式品嘗。整體來說，這是一款性價比高且能充分感受到 Nikka 氣勢的酒款。

參考零售價 1,620 日圓／實際售價約 1,200 日圓

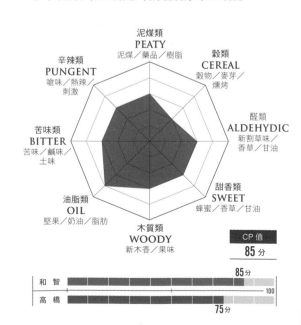

輕鬆享受的輕快口感

BLACK RICH BLEND
豐調和黑 Nikka

700ml 40%

酒款印象

於 2013 年推出的這款「豐調和」，在「黑 Nikka」的系列酒款中，屬於價格比「純淨」更高一級的酒款；另外，此酒款的酒精濃度為 40％，相較於「純淨」的 37％ 與「深調和」的 45％，也屬於系列酒款的中間定位。同系列也只有這款酒是以雪莉桶熟成的麥芽為主要原酒，試圖藉此畫下清楚的定位，就連酒瓶都特別設計成略有腰線的圓形瓶，從外觀就能感受到不同的印象。

儘管酒款強調使用的是雪莉桶熟成原酒，但其實只有淡淡的雪莉香氣，同時有極些微源自雪莉桶的橡膠味，不刻意嗅聞倒是很難察覺。

首先感覺到的是酒精，隨之而來的是果香中帶著輕微木質香的華麗香氣，以及香草和焦糖類的甜香。口感部分，儘管甜、苦交錯堆積，但殘留口中的仍以苦和澀味為主，中庸的結尾帶有少許辛辣感。並不讓人感覺尖銳，反而是倍覺輕快，儘管明顯表現了柔和圓順的風格，但口感的厚度和勁道略顯不足。不過，這當然只是我個人感受，對於偏好這種輕柔口感的味蕾來說，也很有可能一喝上癮。

參考零售價 1,436 日圓／實際售價約 1,100 日圓

和智　75分　100
高橋　73分

濃郁風味的
橫綱

酒款印象

　　1976 年，八十三歲高齡的竹鶴政孝以調酒師身分完成的最後作品，就是這款「鶴」。早期酒瓶瓶身還刻有畫風優雅細緻的作品，常讓人聯想到擅於表現日本古典與傳統氛圍的江戶中期代表畫家尾形光琳，其筆下的作品〈鶴遊林間〉。如今的酒瓶瓶頸仍印有部分圖樣，瓶塞能見透出的竹林和鶴。這是一款最能代表竹鶴的作品，使用余市和宮城峽經過十五至二十年窖藏熟成的原酒，調配成奢華的調和威士忌。微微的酯類香氣中有鮮明的麥芽特徵，緊接著是糖果、水果與紅茶，入口首先能在舌尖感受到全無銳角的和諧宜人，背景隱藏著些許泥煤風味，Nikka 最自豪的穀物原酒風味特色也相當鮮明，果然是廣受大眾愛戴的一款極品。用放鬆的心情慢慢純飲這款風味極其圓融的威士忌，則能感受到苦、酸、甜分別在口中擴散，喝下第二口，隨即感覺到的是無比的安詳和滿足。「鶴」的世界果然幸福。這是一款能令人充分感受高級調和威士忌風貌的酒界橫綱，也是只要使用優質原酒且經足夠熟成，就能自成美味的最佳體現。標示年份的「鶴 17 年」已停售，這款「鶴」則是僅在余市和宮城峽蒸餾廠販售的限量酒款。

參考零售價 8,000 日圓

NIKKA WHISKY TSURU
鶴

700ml 43%

泥煤類
PEATY
泥煤／藥品／樹脂

穀類
CEREAL
穀物／麥芽／燻烤

辛辣類
PUNGENT
嗆味／熱辣／刺激

醛類
ALDEHYDIC
新割草味／香草／甘油

苦味類
BITTER
苦味／鹹味／土味

甜香類
SWEET
蜂蜜／香草／甘油

油脂類
OIL
堅果／奶油／脂肪

木質類
WOODY
新木香／果味

CP 值
80 分

和　智 ────────100

高　橋 ────── 90分

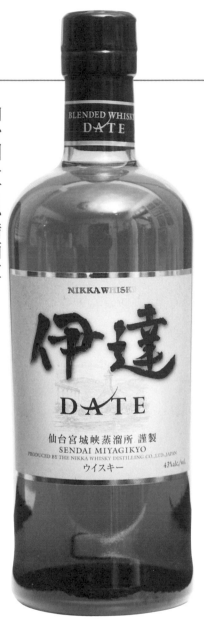

仙台國分町必備酒款

DATE
伊達

700ml 43%

酒款印象

　　此款威士忌於 2009 年推出，僅限定在宮城縣地區販售。我當時在宮城峽蒸餾廠內的專賣店買到，同時還入手了據稱同樣僅限於該廠銷售的宮城峽產「主要麥芽原酒系列」、「來自原桶 51％」、「宮城峽 2000 年」等許多從未見過的酒款，我一方面驚訝 Nikka 居然有如此豐富多樣的酒款，一方面也理解到這些酒款是蒸餾廠為了對專程造訪的來客表達的感謝之意，心中不免倍受感動。這款酒的名稱原自古代仙台藩領主「伊達」家族，因此酒標的英文字母特別用武將盔甲的形象設計，明確表現酒款名稱的源由，也強調地域性。由於完全使用宮城峽蒸餾廠的原酒，因此有罐式蒸餾器麥芽原酒、科菲式柱式蒸餾器的麥芽以及穀類原酒，酒款性格不難想像。實際開封後，發現甜香感比想像來得更收斂，反而有明顯的木質和泥煤風味。此外，在焦糖的甘甜焦香中，還有蘋果般的酸度構成風味主體，令人印象深刻。結尾則由苦味和香草風味主導，確實是一款滋味豐富多元，又能帶來極大享受的威士忌。由酸度而非甜味主導的口感也相當濃厚，雖是調和威士忌卻鮮有穀物原酒存在感。可謂性格相當鮮明，或許正因為是區域限定，所以正適合如此鮮明的個性，深得我心。

參考零售價 3,780 日圓

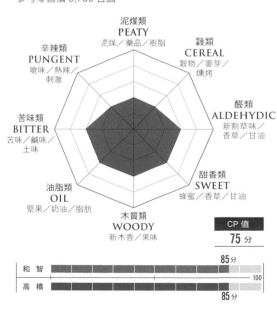

SINGLE MALT YOICHI
余市泥煤海鹽

300ml 55%

酒款印象

　　這款酒的命名或許是因為北海道余市蒸餾廠旁就是泥煤產地，再加上熟成酒倉的位置距離余市灣僅1公里。這倒讓我想起，過去竹鶴政孝學習釀造威士忌的坎貝爾鎮赫佐本蒸餾廠，也是位於徒步就能抵達港口的位置。這款酒是用比一般泥煤燻烤更為厚重的麥芽，經直接加熱蒸餾，再置於飽受日本海風吹拂的酒倉熟成。偏高的55％酒精濃度，幾乎接近完全未加水的「原桶強度」，酒標也似乎透露了不能小覷的氣勢。酒色比香檳金略淡一些，香氣則相當複雜，核心酯類風味之外還有煙味、岩鹽、藥品及熟成水果的華麗香氣。用古典杯輕啜，能嘗到伴隨苦味的煙燻泥煤風味、熟柿子、未熟的茱萸果實、肥皂等風味一擁而上，共組一場苦甜交織的華麗演出。由於此款酒是未標示年份的原酒，因此舌上難免有些微刺激。以結論而言，這款威士忌以甜味為中心，輔以泥煤和海鹽調味。如果拿來和我家中的有年份「雅柏烏蓋戴爾」（Ardbeg Uigeadail）比較，雅柏的風味主軸仍是更強勁的泥煤，苦味和甜味則隨後現身。而我竟愈比愈好奇，開始拿出家裡常備的「拉加維林16年」（Lagavulin 16 Year Old），拉加維林也仍然擁有更堅實的泥煤主調，而這款余市則是有更突出的酸甜美味。儘管泥煤風味的勁道或許略有不足，但其在這款酒中扮演的角色，確實也與一般蘇格蘭威士忌不同。或許是因為許多日本人至今仍很難接受泥煤風味吧。因此，愛好者在品嘗這款酒前，或許應該先理解此酒和蘇格蘭威士忌的風格差異。儘管如此，這仍是一款製作相當精良的威士忌。順帶一提，500毫升的12年份要價37,000日圓。

參考零售價 18,960 日圓

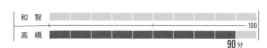

CP 值
80 分

和 智										
										100
高 橋										
									90 分	

令
人
驚
豔
的
雪
莉
桶

SINGLE MALT YOICHI
余市香甜雪莉

180ml 55%

酒款印象

這款威士忌和上一款「泥煤海鹽」一樣，也是只在蒸餾廠限量販售的珍稀酒款。儘管明白標示了使用貴重的雪莉桶培養，但因並未標示年份，因此無法確定是只在最後階段短暫過了雪莉桶，還是曾在雪莉桶經過幾年培養。在金黃的酒色外，帶著相當濃厚的成熟水果風味和優質酒精感。在口感上，則是以甜味為主調，伴著些許酸苦。稍有不夠成熟的酒精刺激感，進一步品嘗則能感覺如葡萄乾、杏桃果醬、成熟紅玉蘋果、巧克力、焦糖、肥皂、醬油、未熟澀栗子等複雜的香氣，在口中奏出華麗樂章。如果不喜歡、甚至很難接受泥煤風味的飲者不妨選擇這款，同時也跟大家報告一下，我買的是 180 毫升瓶裝在試飲結束前就已經喝完了。這並不是一款只有香甜的威士忌，亦有豐潤複雜的樣貌。就結論而言，這款酒確實有特色、靈魂，並且帶有輕柔纖細的酒體。稍微加水後，展現了揉合酸甜苦澀的「大人」味，希望大家有機會能夠好好品嘗。相較之下，宮城峽蒸餾廠的「香甜雪莉」特色是更平順溫和的易飲口感，余市的這款則除了純粹刺激感，還有豐潤的風味，端看個人偏好選擇。

參考零售價 18,960 日圓（500 毫升）

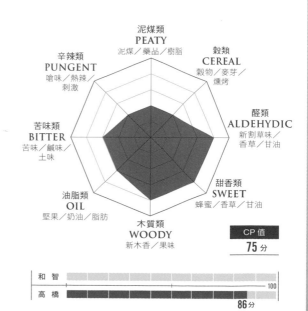

渾
然
一
體
的
甘
苦
風
味

SINGLE MALT MIYAGIKYO
宮城峽柔順麥芽

180ml 55%

酒款印象

相較於余市蒸餾廠，宮城峽蒸餾廠的平均氣溫高了攝氏 2 度，也較少受到海風影響，氣候更溫和穩定，並在廣瀨川和新川的環繞下，坐擁絕佳的熟成酒倉環境。這款冠上酒廠名的威士忌，就是將廠方華麗多果味的原酒表現再推向極致，風味柔和的同時還具備源自穀物的風味。輕柔淡雅的香氣包含酯類、蘋果、洋梨、花瓣與香草香氣，入口則能感覺到大麥的潤澤甘苦融為一體，意外地如同在舌尖輕快跳躍。再喝第二口，則能感受到酸和苦之間的緊張拉鋸。加水過多的話，只會讓酒喝起來變成像糖水，因此建議控制在兩成以內。尾韻留有澀味，我個人倒是覺得這是頗具個性和魅力的一款酒，只是不知道對威士忌經驗尚淺的人來說是否適用了。

參考零售價 18,960 日圓（500 毫升）

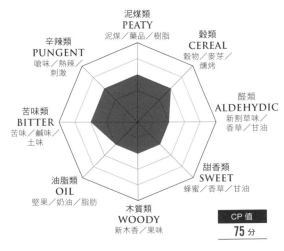

力道十足的熟成滋味

SINGLE MALT MIYAGIKYO
宮城峽豐濃果香

180ml 55%

酒款印象

　　雖然我能理解酒廠策劃這類蒸餾廠限定販售酒款的理由，但是這些酒款到底一年產量多少？庫存多少？在哪裡可以買？買不買得到？這些問題仍然讓我只能懷著忐忑的心情。因此，我買了冠上宮城峽蒸餾廠名的這三款「柔順麥芽」、「香甜雪莉」與「豐濃果香」。由於以上三款的酒精濃度都有 55%，因此推估應該是以濃郁的酒體和熟成感為賣點的產品。應是專門鎖定會親自造訪威士忌蒸餾廠的重度愛好者，直接投其所好。

　　此款威士忌香氣以果香為主，同時散發濃郁的堅果、葡萄乾、石榴與巧克力。口感則是在立體複雜以外，還有能聯想到秋收的華麗濃厚。我不禁發覺，果然還是要經常走訪蒸餾廠，才能挖掘到這些限量酒款，增廣對威士忌的見識。不過，選擇 100 毫升的容量有點失敗，因為品酒筆記才寫到一半，酒已經喝完。我只能一邊反省一邊用力地搖晃空瓶，期待或許還留有最後一滴。

參考零售價 18,960 日圓（500 毫升）

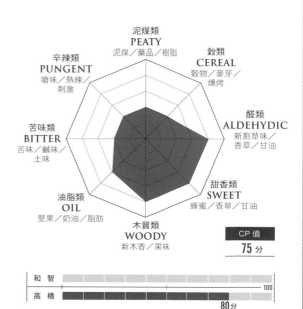

高雅的中庸

SINGLE MALT MIYAGIKYO
宮城峽香甜雪莉

180ml 55%

酒款印象

　　這也是宮城峽蒸餾廠的限量酒款，共有「香甜雪莉」、「豐濃果香」及「柔順麥芽」三款。雖然不知道廠方為什麼不將這些酒款以全國規模廣泛銷售，但或許是因為日本人普遍較不偏好個性太強烈的威士忌，也有可能是認為專程造訪威士忌蒸餾廠的重度愛好者，應該會更偏好風格獨特的特色酒款。至於全國性銷售的「單一麥芽宮城峽」，則是有「10年」、「12年」與「15年」等幾種陳年年數，過去的零售價格約在7,000至20,000日圓。這款酒的風味是人見人愛的中庸路線，屬於柔和穩健的纖細低地風格。只可惜，現在想要在市面找到標有年份的酒款，幾乎已經是不可能的任務了。

　　這些酒款都帶有麥芽、優質水果與混著醬油的香氣，口感則都是柔和地展現香甜、香甜、還是香甜，緊跟在後才有些許酸苦。這些都以成熟水果香甜為風味主軸的威士忌，隱約由微苦和微酸做為背後支撐的骨架。結尾雖感到少許生澀，但卻展現出此酒款的矜持特質而非缺點。這恰好也是我個人偏好的威士忌類型，其實完成度相當高，幾乎讓人感覺不出酒精濃度55%。

參考零售價 18,960 日圓（500 毫升）

滿載酸甜刺激的人生滋味

扎實的快速球

NIKKA FROM THE BARREL
來自原桶 51%

180ml 51%

2000's SINGLE MALT MIYAGIKYO
宮城峽 2000 年

180ml 57%

酒款印象

　　打開像是藥瓶般的金屬旋蓋，旋開後注入古典杯的酒液立即散發出苦甜交織的豐厚華麗香氣，直奔鼻腔。從第一口開始，就有讓人驚豔的強勁甜味和帶著刺激的苦味，跟酸味揉為一體，其中甚至藏有某些微妙複雜的風味。未熟的澀柿、枝頭上的過熟柿子，還有顯得生硬的未熟蘋果，充分成熟的葡萄等等風味，一齊在口腔擴散。這是能讓人充分感受到人生的各種甘苦滋味的「大人味」。另外也有「12 年」的版本，500 毫升裝的價格 7,400 日圓。

酒款印象

　　飄散的香氣能讓人強烈地感受到麥芽和酯類，令人心曠神怡。相較於竹鶴政孝最早鎖定在北方余市的高地風格，仙台宮城峽的這款單一麥芽，感覺更像是鎖定斯貝塞的低地風格。入口就能感受到果味和酸味的溫柔刺激，全身每個毛孔都為之感到一陣幸福。接著襲來的鮮明苦味，也替整體風味帶來美味的重點。這是一款結構筆直的威士忌，好喝！

CP 值
75 分

CP 值
85 分

和智　｜
高橋　｜
100
87 分

和智　｜
高橋　｜
100
90 分

KIRIN DISTILLERY CO.,LTD.
麒麟蒸餾富士御殿場蒸餾廠

地 址	〒 412-0003 靜岡縣御殿場市柴怒田 970	TEL：0550-89-4909 http://www.kirin.co.jp/ factory/gotemba/tour/
交通方式	【電車】JR 御殿場線「御殿場」站下車，轉搭計程車約 20 分鐘。 【巴士】搭乘御殿場車站前的富士山口富士急行巴士，於二號站臺搭乘往「河口湖站 與富士學校」方向，在「水土野站」下車，乘車時間約 15 分鐘。下車後沿國道 138 號線徒步約 10 分鐘。 【開車】東名高速往山中湖方向，在「御殿場交流道」出口下高速公路，沿國道 138 號線直行約 6 公里處，沿國道右 側看到蒸餾廠紅色看板右轉即抵達。	
營業時間	每年年初年尾及每周一（若適逢國定假日則順延至翌日）為休館日。參觀時間為 9：00～15：20。	
參觀方式	需時約 70 分鐘（須預約）。免費參觀。參觀製造工序及試飲（須預約）。	

位處東海道要塞之地的蒸餾廠

1972 年，日本的麒麟啤酒、美國的施格蘭及英國的起瓦士兄弟（Chivas Brothers）三家公司，合作創立了麒麟施格蘭。本廠則是由麒麟施格蘭在 1973 年創設的蒸餾廠。三得利也在同年設立「白州蒸餾廠」和「知多蒸餾廠」，這是日本國產威士忌拓展相當值得紀念的一年。

恰好在本廠開設三十週年的前一年，原本由三家公司合資的麒麟施格蘭再次改制成由麒麟百分之百擁有的公司，本廠就此成為麒麟旗下的「麒麟蒸餾富士御殿場蒸餾廠」。

如今，廠內除了可以進行麥芽原酒和穀類原酒的發酵蒸餾熟成等工序，連裝瓶都一併在廠內進行，算是業界相當罕見的蒸餾廠。同時，廠內也還生產其他燒酎類等罐裝酒精飲料，在腹地廣大的廠內擁有兩百五十位工作人員。

蒸餾廠位於海拔 620 公尺，年均溫約攝氏 13 度，以富士山的地下水做為蒸餾水源。年平均日照時間則有 1,700 小時，相較於靜岡縣東部的平地，屬於氣候更涼爽的高原氣候，甚至很接近蘇格蘭的環境。此外，除了鄰近的相模灣和駿河灣之外，還受富士山激烈的海拔高度變化影響，天氣往往多雲多霧。

建築風格方面，相較於當時其他多半仿效傳統蘇格蘭蒸餾廠的酒廠建築，富士御殿場蒸餾廠則採用更現代的設計，在經過四十多年後的今日，仍然完美融入周圍的自然環境。登上蒸餾廠的屋頂，還能盡覽御殿場市街、遠處的富士山與箱根連山，充分感受蒸餾廠周圍雄偉的風景。

麥芽原酒蒸餾

麒麟威士忌最大的風味特色，就在於鮮明的純淨酯類，並且多少能讓人聯想到波本。而架構出這些風味的基礎麥芽原酒，則是由廠內共十八座的不銹鋼發酵槽搭配國產的罐式蒸餾器蒸餾而得。

罐式蒸餾器頸部呈燈籠型，兩座為初餾，將酒汁的酒精濃度從 8% 提升到 20% 之後，再進入下一步的再餾。再餾的蒸餾器則採沸騰球型，並將酒精濃度設定為較低的 70%，並只採用中段酒心作為新酒，意指烈酒蒸餾器蒸餾完成後，去掉初段酒

建築外觀並未滿布苔癬和蔓藤，而是以白和褐色為基調的現代化設計，試圖呈現出走在時代的尖端。

從靜岡縣御殿場市往富士山麓方向攀登，就能望見這座現代化的蒸餾廠聳立在廣闊腹地。這座不同於傳統蘇格蘭蒸餾廠的建築，在當時的日本來說屬於非常先進的概念。遠處映入眼簾的則是富士山和箱根連山。

和最終濁段酒所嚴選的中段部分。

此外，廠內採用的兩種罐式蒸餾器的形狀，是仿效創廠當時隸屬於起瓦士旗下、位於斯貝塞的蘇格蘭名廠斯特拉塞斯拉蒸餾廠（Strathisla）的設計所打造。由於上升的酒精蒸氣會在罐式蒸餾器的頸部收束產生對流，而非直接上升，因此更容易整理出酒中的雜味或香氣成分，得到風味更清麗純淨的新酒，但是隨著對流的時間愈長，銅製罐式蒸餾器也會和硫反應，讓硫較易去除。

個性獨特的穀類原酒蒸餾

儘管穀類原酒的蒸餾和麥芽原酒在同一棟廠房進行，但是由於蒸餾穀類原酒的連續柱式蒸餾器高達 20 公尺，因此如此龐大的蒸餾器須收容在穿透數層樓的建築。除了柱式蒸餾器，還設有蒸餾穀物原酒專用的「加倍器」（Doubler），以及稱為「蒸餾釜」（Kettle）的單式蒸餾器，因此能分別產出類型、性格各異的共三種——分別為輕柔（light）、中等（medium）與厚重（heavy）穀類原酒。產自「富士御殿場蒸餾廠」的穀類原酒，就算不把極難入手的超限量「單一穀物 25 年」（Single Grain 25 years old）算在內，也仍有蒸餾廠限定的小容量「蒸餾廠精選單一穀物」（Distiller's Select Single Grain）的 200 與 500 毫升（酒精濃度皆為 48％），能輕易地感受到三種主要穀物原

酒的風格差異，也能理解本廠的穀物原酒是如何具備深厚濃郁的風味，並兼有獨特性格。

所有類型的穀物原酒，最初都會先經過稱為「啤酒蒸餾器」的銅製柱式蒸餾器，也只有這座「啤酒蒸餾器」本身是屬於銅製材質，由於銅可以除去酒精蒸氣的硫黃成分，因此，所有穀類原酒的第一道過程都會刻意以銅製的蒸餾器除去所含的硫黃成分。其內部還以隔板區隔出二十六段，隔板開有許多直徑 20 釐米的小孔。

整個蒸餾的過程，首先是讓發酵酒汁從柱式蒸餾器上方注入，下方則送入蒸汽加熱，如此可使液體（酒汁）和氣體（蒸氣）在隔板隔開的各段空間達到平衡，在發酵酒汁陸續透過孔隙通過二十六段隔板的過程中，酒汁的固態物質也會陸續被去除，由下往上升的蒸氣同時會讓酒汁的高揮發性成分（酒精）在蒸餾器上方集中，低揮發性成分則會反向集中在下方，再度讓氣體和液體達到平衡狀態。最終，酒精蒸氣液化成為此階段所得的穀物新酒，酒精濃度約在 68 ～ 75％。

順帶一提，在三得利「知多蒸餾廠」所用的柱式蒸餾器雖然也是銅製，但卻不同於這種隔板式，板子上布滿了小型菇蕈狀凸起，使得蒸餾液沸騰起泡，目的在於讓氣體（蒸氣）和液體（酒汁）能有更大的接觸面積。

接著，這些基本穀類原酒會再進入

不鏽鋼發酵槽旁，除了檢修之時，平常幾乎看不到人影。溫度等控制都是全自動化。

クッカー
（グレーンウイスキー原酒用）

同為不鏽鋼的糖化槽總是閃閃發亮，本廠則沿用波本製法稱其為熬煮鍋（cooker）。

197

麒麟富士御殿場蒸餾廠的兩座斯特拉塞斯拉蒸餾廠燈籠型罐式蒸餾器。藉著初餾將酒汁的酒精濃度從 8％轉化至 20％。這些中型尺寸的蒸餾器能產出優質的新酒，再透過混調優質的穀類原酒，最終成為風味純淨的威士忌。

天然瓦斯加熱的柱式蒸餾器，並蒸餾產出輕柔型的穀類原酒。四座柱式蒸餾器又可再細分為負責精餾的第一和第二座，負責除去醛類的第三座，以及除去雜醇的第四座，最終得到酒精濃度高達 94% 的純淨清爽型穀類原酒。

即將成為中等型穀類原酒的基本原酒，則會送入不同樓層，在稱為「蒸餾釜」的單式蒸餾器精餾，成為酒精濃度約 90% 的中等型穀類原酒。這款 1973 年製的「蒸餾釜」，頸部以下如同罐式蒸餾器，雖然一次可精餾超過 60,000 公升的穀類原酒，但是為了提升產量，期間更增加了一道重新填充原酒的手續。但這也正是「富士御殿場蒸餾廠」穀類原酒之所以能兼具香甜華麗和飽滿酒體的緣由。

至於保留最多雜味和其他香味成分的厚重型穀類原酒，則是讓基礎的穀類原酒進入「加倍器」蒸餾器中，精餾成約 70% 的較低酒精濃度。讓穀類原酒表現原有的強勁香氣和特色口感，這座由施格蘭開發的「加倍器」蒸餾器不可或缺。

儘管這座蒸餾器產自一九七三年，堪稱古董，但至今仍能擔負起重責大任。其實美國許多蒸餾廠裡，這類蒸餾器也仍然相當風行。特別是生產波本威士忌的大規模酒廠也經常因為旗下收購的酒廠數量眾多，因此必須在同一家蒸餾廠生產數十種不同品牌而風味各異的波本威士忌，這時就需要靠這種蒸餾器才能辦到。一般認為

「富士御殿場蒸餾廠」也是在同樣的考量才採納了此種方式。

熟成

完成蒸餾的穀類原酒會添加來自富士山的地下水，將酒精濃度調整到約 50%，再入桶培養熟成。儘管一般認為培養過程須達到約 64% 的酒精濃度，最終才能突顯原酒鮮明的木質風味，但是讓酒液在較低酒精濃度的狀態下熟成，其實能將裝瓶的加水量控制在最小範圍，而最終調和的成品便仍然能是充滿木質桶香的豐濃調配。

此外，「富士御殿場蒸餾廠」在熟成木桶方面主要使用容量 180 公升的木桶，也不同於其他日本主要蒸餾廠。儘管桶型和他廠沒有太大差異，但儲酒的卻是 17 公尺高且共十八層的層架式酒倉。木桶的主要來源為麒麟施格蘭擁有的肯塔基波本名廠「四玫瑰」，進口該廠培養波本威士忌的中古桶後再經過整修。

廠內共有五棟儲酒庫，每棟儲酒庫都可以容納約三萬五千至五萬桶的原酒，這些原酒都在富士山麓享受高原地區的涼爽氣候，靜待出廠的時機。

本廠最為人稱道的珍稀逸品「單一穀物 25 年小批次」（Single Grain 25 Years Old Small Batch）與「單一麥芽 17 年小批次」（Single Malt 17 Years Old Small Batch），也正是源自這些原酒。

廠內共設有兩座中型沸騰球型罐式蒸餾器，富士御殿場蒸餾廠的特色在於連結
冷凝器的粗壯林恩臂。正是這樣的蒸餾器催生了該廠富含酯類的純淨原酒。

能產出相當美味穀類威士忌的柱式蒸餾器——「啤酒蒸餾器」。內部還以隔板區隔出二十六段，分隔板上開有許多直徑 20 釐米的小孔。酒精濃度約在 68～75％，產出的酒液酒精濃度分別為 94％、90％與 70％三種。

穀類威士忌酒廠平常大多不見人影，維修之外的所有程序幾乎全是透過電腦控制的自動化設備，由於規模太過龐大，甚至很難一眼望盡。

這座酒廠已持續生產穀類原酒超過四十年。所有想要一探該廠穀類原酒品質的飲者，都能透過「單一穀物」（Single Grain）感受優質的穀類原酒，此酒款打破了只能在調配中擔任配角的既定印象，其優雅、圓熟與複雜的風味展現了酒款的品質和獨特個性。

高達 17 公尺的層架式酒倉，完全承襲了波本威士忌廠的作法。熟成原酒的木桶也當然是四玫瑰酒廠容量 180 公升的二手桶，上下移動木桶則由專用的電梯負責，熟成酒倉可容納高達三萬桶木桶。

左上：包圍在柱式蒸餾器四周的是用來儲存穀物原料的儲存槽。

左下：蒸餾廠之旅的最後一站，靜候遊客的是品酒室裡的各種珍稀酒款。

右上：參觀蒸餾廠的遊客會先品飲，再進入商店選購酒款。「富士御殿場蒸餾廠精選」的「單一麥芽」與「單一穀物」都是僅在酒廠內販售的限定酒款。

嚴選單一麥芽的極樂風味

DISTILLER'S SELECT
富士御殿場蒸餾廠精選
單一麥芽

200ml 49%

酒款印象

　　瓶上標示的應是一百七十三瓶的第八瓶，由蒸餾者嚴選並於 2016 年裝瓶的酒款。儘管筒狀酒瓶形狀酷似冷漠的試管，酒色也並不特別深濃，但畢竟酒色的深淺和風味其實無甚關係。開封後香氣的第一印象並不特別強烈，只有淡淡的麥芽、果香與酯類，口感倒是由甜香、果味、酸度與苦味構成層層來襲的複雜美味。說來這其實就是單純地好喝、美味。儘管並未特別強調熟成風味或強勁酒體，卻是我最偏好的風味，相當具深度的立體風味令人忍不住一口接一口。就連 49％的酒精濃度都幾乎讓人無所察覺，因為早已與複雜風味融為一體，升華為絕妙美味。

　　後味並不綿長。如果用 700 毫升標準瓶來看，200 毫升的小瓶裝就像是買了樣品酒，沒兩口就喝完了。我不幸因為沒有先見之明選擇標準瓶裝，而倍感後悔。

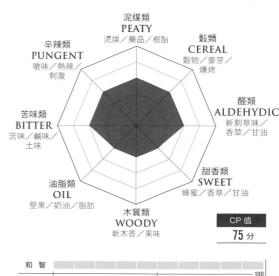

極上穀類原酒令人刮目相看

DISTILLER'S SELECT
富士御殿場蒸餾廠精選
單一穀物

200ml 48%

酒款印象

在單一穀類原酒當中,除了標榜清爽如風路線的知多蒸餾廠以外,就數「宮城峽單一穀物」和本廠「富士御殿場蒸餾廠精選單一穀物」,堪稱特色和風味擁有高完成度的兩強。只要願意品嘗就會發現,兩者都提供了自信滿滿的堅實風味。此酒款帶有清爽的蜂蜜類香氣,口感則由水果與蜂蜜,豐潤的酸度和苦感,交織出酒精濃度48%的濃郁豐醇,整體最後更完整升華。不同於一般穀類原酒常見的單一口感,而是擁有結實的複雜架構,為高人一等的單一穀類威士忌。富士御殿場的單一穀類,明顯帶有自己獨特的主張。特別強烈建議信仰麥芽教條、對穀類原酒充滿懷疑的飲者必須一嘗,肯定能從此改觀。另外,這款「單一穀物」須以純飲或加冰塊的方式飲用,後味仍多有風味繚繞,能讓人感覺空寂的深厚感久久不去。

2015年推出的「富士御殿場蒸餾廠單一穀物25年」定價為32,400日圓、「富士御殿場蒸餾廠單一穀物17年」則是21,600日圓,現在推出的200毫升三瓶組則為7,560日圓。

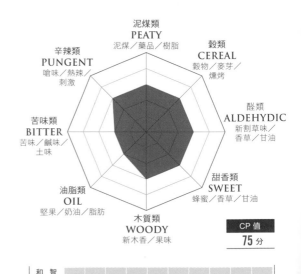

木桶芬芳，
新酒也馨香？

KIRIN WHISKY OAK MASTER
橡木大師木桶馨香

640ml 40%

酒款印象

　　相較另兩家大廠，麒麟的固有產品數量明顯偏低，而這款「橡木大師木桶馨香」就是麒麟的標準入門酒款，除了標準瓶裝，還有 2,700 與 4,000 毫升等業務用的大型容量。一如其他酒廠的同類酒款，標榜的也是「希望大家能輕鬆調成高球」，言外之意自然不言而喻。不過且讓我們拋開先入為主的定見，實際品飲。當鼻尖湊近杯口，首先感覺到的是酒精稍帶刺激的氣味，儘管也能感受到些微類似波本威士忌的香氣，但是酒精刺激遠遠更為鮮明，香氣仍是寡不敵眾。入口後，和年輕酒精的辛辣刺激同時登場的，還有波本類的木香和在舌上綿延的油潤感，末了口中則有焦灼的澀味，以及刻意探索才會出現的極些微蜂蜜甜潤。加水之後，酒精的刺激明顯變得和緩，突顯堅果類香氣和焦糖般的甜潤，此外還有蜂蜜、未熟芒果及些許澀味。加冰塊後，終於展現名符其實的「木桶馨香」，能感受到源自波本桶的香氣，與些微醺烤木桶的香氣。加冰塊的表現倒是意外地還不錯！至於「加蘇打水」呢？那就非屬本書的意圖，請大家自行嘗試。

零售價未定／實際售價約 1,100 日圓

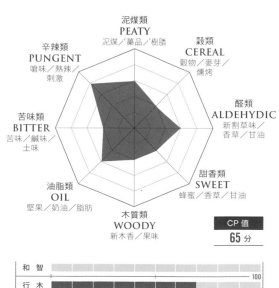

50％的鮮烈重擊

KIRIN WHISKY FUJI-SANROKU
富士山麓原桶強度 50％

700ml 50%

酒款印象

　　相較於其他大廠同等級調和威士忌的酒精濃度，此酒款硬是多出 10％，因該廠在桶陳原酒時就將酒液調整到此酒精濃度，並刻意希望能保持桶陳狀態原酒風味。再者，這款酒刻意不經所謂冷凝過濾，因此應能保存更多複雜的香氣。我在一邊想像可能有的複雜風味，一邊倒酒，先從純飲開始。首先感到酒精刺激的揮發感，接著是富含酯類的濃密桶香增加，近似波本的香氣讓人不免有點期待。入口後儘管也有強勁的酒精刺激，但一擊後卻伴隨著濃密木質香的香草風味和太妃糖類的甘甜，其次則是些微的焦香和多汁的水果類酸味，最終還有苦味和辛香料風味。儘管只能感到些微燻烤香氣，但綿延的後味最終卻以鮮明的苦味畫上句點。接著，試飲加冰塊，隨著冰塊漸融，酒溫漸低，原本的桶香和木質感卻僅有些微改變而未有大幅稀釋，此特色應是由於酒廠選擇稀釋度低的酒精濃度 50％裝瓶。加冰塊後，苦味略顯鮮明，但沒有澀味，整體顯得清晰明淨，還有意料之外的水果酸味讓風味更顯熱鬧。加冰塊的後味仍然相對綿長，苦味則和純飲一樣，在最後綿延不去。如果加水約兩成，則能感受到太妃糖類的甜潤焦香在口中飄散，能充分享受俐落線條的口感。由於這款威士忌至此留下的印象絕佳，因此就省略水割與加蘇打水等喝法。特別的是，基於裝瓶的偏高酒精濃度，風味都沒有偏離太遠，因此不管是純飲、加冰塊、甚或加水至三成左右，都能充分享受道地威士忌帶來的強勁風味。甚至從性格獨具的角度而言，肯定也是日本國產威士忌表現絕佳的一款。

零售價未定／實際售價約 1,400 日圓

CP 值
95 分

		90 分
和 智		100
高 橋		
	87 分	

令人懷念的
黎明殘照

ROBERT BROWN
棕羅伯特

700ml 40%

CP 值
65 分

酒款印象

　　不論是麒麟的調和威士忌「富士山麓」，還是這款「棕羅伯特」，我一直都對這些酯類風味鮮明的酒款，到底使用哪種容量、木桶形狀、木桶燻烤程度，以及選用新桶或舊桶等細節，懷有極大的好奇心。親自造訪御殿場蒸餾廠之後，終於得知該廠使用的全是波本威士忌「四玫瑰」的二手桶。由於木桶形狀一致，我也終於得知這款酒帶有濃濃波本氣息的原因。由於肯塔基的波本名廠「四玫瑰」現下屬於麒麟產業，因此從經營層面來看，使用這裡的二手桶也是極合理的安排，概念也算是清楚明確的方向，能讓人清楚認識富士御殿場的製酒風格取向，有著截然不同於 Nikka 或三得利等其他日本威士忌業界大廠的走向。這款酒儘管酒精濃度只是很平常的 40%，但由於御殿場蒸餾廠的新酒（剛完成蒸餾，尚未開始陳年），設定為比其他酒廠（往往在 80%左右）更低的 68%。由於威士忌釀造過程中，絕大多數酒廠常會將酒精濃度超過 80%的新酒，在入桶熟成時加水調整為較低的 64%，以便讓木桶的木材更有效率地與原酒作用，該廠的新酒由於原本就更接近 64%，入桶因此只須些微稀釋，而最終調配並裝瓶的風味也更能反映原酒的原始風味。儘管酒精濃度可能同樣是 40%，但是經水大幅稀釋的 40%，和更趨於原酒原始狀態的 40%，當然在風味與複雜表現會截然不同。這款酒儘管純飲風味不若「富士山麓」，但是整體波本類的酯類桶香和木質感的氛圍，卻讓人感受到更多穀類而非麥芽的印象。在伴隨著澀味的香草風味外，還有或許源自酒精的辛辣，但卻是不帶粗糙感的成熟風味。另外，還有柑橘類的酸味和苦味，和初始的香草澀味一直持續到最後。儘管風味欠缺亮點，但對於追求風味深度的飲者來說，建議大家不妨可以嘗試加冰塊。

　　1972 年創立麒麟施格蘭，該品牌最早推出的酒款就是當年的「棕羅伯特」，以起瓦士豐富原酒嚴選出的麥芽原酒為基調，建構出不同於其他日本國產威士忌的獨特風味。如今，這款酒的骨幹則是以 1973 年建成的御殿場蒸餾廠出產的麥芽和穀類原酒，一轉成為十足日本血統的威士忌。儘管如此，對於多數習慣飲用其他日本國產威士忌的絕大多數日本的威士忌愛好者來說，可能仍會覺得這款酒帶有濃濃的異國風情。只可惜性格方面或許不若「富士山麓」那般突出，而更顯樸素低調。

零售價未定／實際售價約 1,400 日圓

WHITE OAK WHISKY DISTILLERY

江井之嶋酒造白橡木威士忌蒸餾廠

地　址	〒 674-0065 兵庫縣明石市大久保町西島 919
交通方式	【電車】JR 新幹線「西明石站」下車，轉搭計程車約 12 分鐘。山陽電車「西江井之島站」下車，往南徒步約七分鐘。
參觀方式	—

TEL：078-946-1001
http://www.ei-sake.jp/
all/distillery.html

產自灘區的威士忌

　　開車從兵庫縣神戶市往西約 30 公里能望見瀨戶內海，眼前更能清楚看見淡路島，就連遠處的小豆島和四國連山明媚的風光、靜謐的街道都能映入眼簾。遠離國道喧囂後，不久就能抵達目的地江井之島。附近不只有明石原人發祥地遺跡，還有標準子午線塔。若是乘山陽電車前往，只須在「西江井之島站」下車往南徒步約

七分鐘即可抵達。在江戶時代，明石西部的浜出曾因優質的地下水和播磨平野的優質稻米，成為清酒的名產地「灘」，之後隨著東部神戶灘區的酒廠陸續擁有全國性的知名度，這個地區才逐漸稱為西灘。

　　江井之嶋酒造擁有 16,000 多坪的建地，同時建有生產日本清酒的酒造與生產威士忌的蒸餾廠。公司悠久的歷史可回溯至 1888 年成立之時，在 1919 年取得製造威士忌許可，便開始增加洋酒產品。

走訪江井之嶋酒造恰是接近晚秋的十一月。由於已經錯過了生產威士忌的六、七月份，因此所有蒸餾器等設備也都像秋天的氣溫那般清冷。

　　1964 年，在忙碌的清酒和葡萄酒釀造暫告一段落的夏季，該廠也開始蒸餾威士忌，並且由負責產日本酒的酒廠杜氏兼顧蒸餾，將日本清酒釀造的技術，運用在威士忌蒸餾。1984 年，仿效蘇格蘭風格新設的威士忌蒸餾廠竣工，開始生產特色獨具的酒款。酒廠設備方面，一般的鐵製和不銹鋼製糖化槽均為容量 4,500 公升，四座不鏽鋼製發酵槽則各為 20,000 公升。初次蒸餾和二次蒸餾的蒸餾器容量分別為 5,000 和 3,000 公升，負責生產的技術人員則有四至六名，能在春天至夏天，產出麥芽原酒新酒約 60,000 ～ 80,000 公升。

　　酒廠選用來自英國的大麥麥芽進行糖化、發酵與蒸餾，水源則和清酒使用同一源頭的地下水，調和用的穀類原酒則從國外進口，並從有明產業買來整修波本桶或新桶，於自家酒廠的倉庫進行熟成。

　　如今，儘管供不應求，但是眼下尚難以調整生產體制，以急速趕上需求。

麥芽會經由磨粉機磨成三種碎麥芽，分別是中粗、
細與粗。三種的比例調配，則依江井之嶋蒸餾廠長
年的經驗決定。

整理得光亮潔淨的不銹鋼過濾槽容量為 **4,500** 公升，糖化槽投入碎麥芽後則會再加入釀清酒用的優質水源。

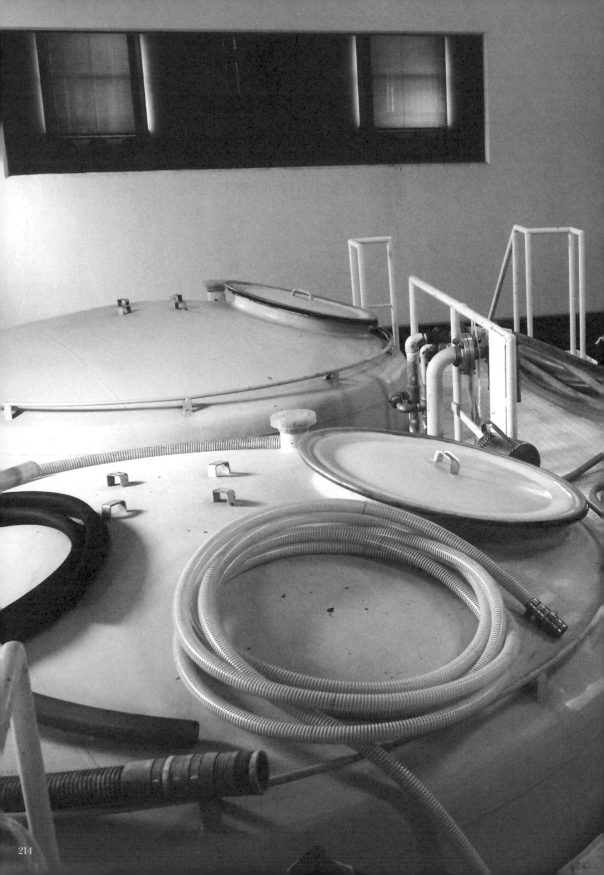

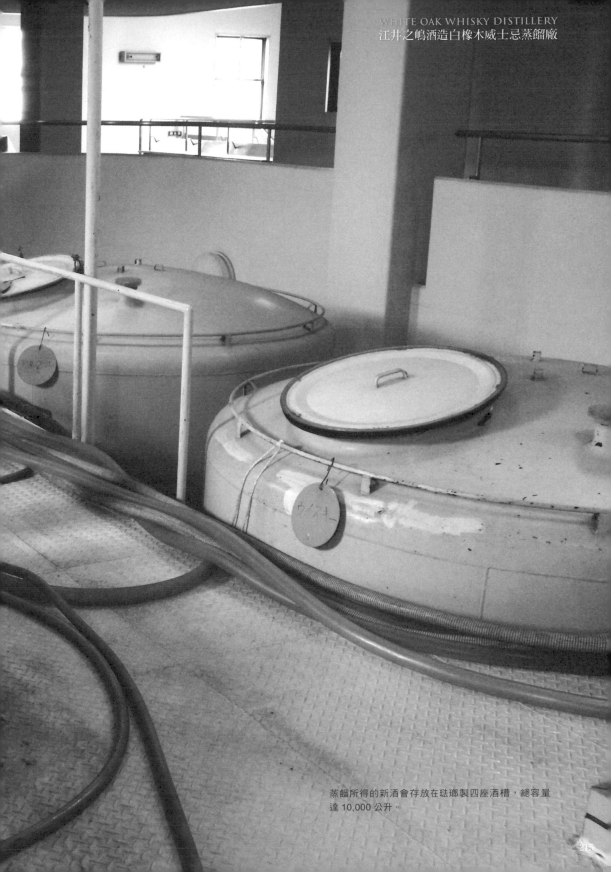

蒸餾所得的新酒會存放在琺瑯製四座酒槽，總容量
達 10,000 公升。

江井之嶋酒造社長
平石幹郎

總管生產與販售清酒、葡萄酒、威士忌三種酒類的公司。目前最大的煩惱是，儘管威士忌的銷售扶搖直上，但必須配合特定季節的葡萄酒和清酒生產週期，實在很難趕上威士忌的需求。

編輯部：想請教平石社長從何時開始生產製造威士忌？

平石：1973 年大學畢業後，我在二十三歲加入本公司。除了日本酒交由外部雇用的特約杜氏，其餘威士忌和葡萄酒的釀造，全由我們公司職員負責。由於我也是屬於酒廠創業家族的成員之一，因此一直都有參與所有過程。實際上，本廠從 1964 年開始生產威士忌的最初，只是在清酒釀造的空檔六、七月小量生產。由於清酒釀造涉及一連串複雜工序，必須由製麴開始，接著一邊糖化、一邊發酵，相較之下，威士忌的製程反而是更為單純的獨立工程。我認為影響威士忌風味的關鍵因素，更在於原酒的陳放地點與時間。

編輯部：請教你們的麥芽來源為何處？

平石：由英國生產者以嚴選的材料製成，我們也會在下單的同時指定所需的酚質含量。

編輯部：關於生產設備方面呢？

平石：酒廠有一座容量 4,500 公升的鐵製糖化槽、一座相同容量的不鏽鋼過濾槽，以及四座容量各為 20,000 公升的不鏽鋼發酵槽。

初次蒸餾器容量為 5,000 公升，二次蒸餾器容量

3,000 公升。我們的蒸餾廠還很罕見地將所有糖化、過濾、發酵、蒸餾與儲藏等工序的設備，全都配置在同一棟建築物。設備是 1984 年製，一年間使用約 100 噸麥芽，產出約 60,000 公升的酒，未來希望能將產量提升至約 80,000 公升，但是礙於人力不足，似乎也很難有增產的空間。

編輯部： 請問現有的人力有幾位？

平石： 酒廠共有四十位員工，但負責製酒的人力則只有五位。

編輯部： 由於近年威士忌大流行，多數蒸餾廠似乎都有木桶不足的問題，不知道貴廠是否也遇到相同問題？

平石： 確實如此，木桶廠很難按照我們的需求出貨。

編輯部： 請問國際間對日本威士忌需求大增的是哪些國家？

平石： 最多的應該是法國。

編輯部： 目前的設備和酒廠建築是在何時完成的呢？

平石： 新的威士忌蒸餾廠完工於 1984 年，當初是仿效蘇格蘭風格設計。

編輯部： 請問產品線的主要構成為何？

平石： 2007 年發售的是「單一麥芽 8 年」、翌年推出「單一麥芽 5 年」及 58％的「明石 14 年」（Akashi 14 Years）。現在則有先經美國橡木桶陳三年、再經山梨葡萄酒廠的白酒桶陳兩年的 53％「白酒桶陳 5 年單一麥芽明石」；混和美國橡木雪莉桶和波本原桶強度的 46％「白橡木單一麥芽明石」；40％的調和威士忌「白橡木威士忌地酒明石」、40％的「紅明石」（Akashi Red），以及大容量的 39％「白橡木金」、37％的「白橡木紅」。

編輯部： 為滿足未來的市場需求，今後將如何推展威士忌酒款？

平石： 由於本廠的銷售量仍然不足，儘管我們也很希望能走向增產，可惜產量實在很難增加。

編輯部： 非常感謝您今天接受訪問。

雪莉和波本桶的結合

WHITE OAK SINGLE MALT AKASHI
白橡木單一麥芽明石

500ml 46%

酒款印象

　　酒標上標明了這是將兵庫縣西灘江井之嶋蒸餾廠的麥芽原酒，經雪莉和波本桶儲存後調配而成。酒標同時明載，此酒未經冷凝過濾和調色。圓形的可愛瓶身搭配手寫的日文明石（Akashi）字樣，整體給人的印象相當新鮮。儘管 500 毫升的 2,850 日圓不算廉宜，但倒入杯中卻能感覺源自桶陳的誘人木桶、葡萄乾與橄欖等果香和蜂蜜甜香。入口後果然是圓滑複雜的風味，可惜或許因為陳年時間不足，因此酒精濃度 46％在口中仍帶來相當的刺激。加水約兩成後，酒精的刺激感減弱，也感受到更多好的酸味和苦味。再喝一、兩杯，應該更能體會這款百分百日本血統的單一麥芽威士忌的價值和特色。

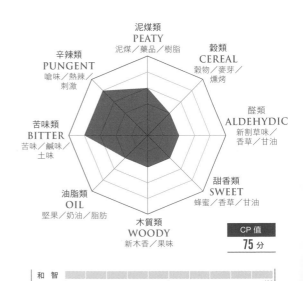

日本威士忌的原點

WHITE OAK GOLD
白橡木金

1,800ml 39%

酒款印象

　　儘管酒款屬於 1,800 毫升的大容量，酒瓶卻是一般標準的深色瓶。直接純飲都感覺不到酒精的刺激，也不覺特色香氣。風味主要由香草基調的苦味和澀味主導，微酸和鈍甜略晚才出現，整體感覺稍嫌拖泥帶水，不夠明快俐落。

　　加冰塊後，儘管增添些許甘甜，但仍嫌不夠乾脆，如果加更多水調成稍濃的水割，倒是在增加甘甜外還更添俐落，能在略淡的質地保有爽朗輕快。可謂是接近過去日本威士忌原點的優質酒款，最適合搭配碳酸做成威士忌調酒。

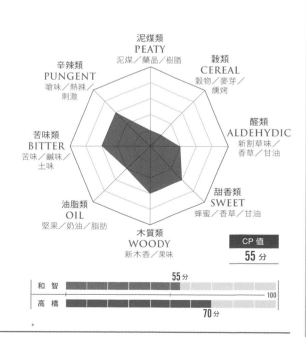

219

明石地酒

WHITE OAK AKASHI
白橡木明石地酒

500ml 40%

酒款印象

　　如同大家所知，建設於 1923 年的山崎蒸餾廠是日本歷史最悠久的第一家正統威士忌蒸餾廠。但是，江井之嶋酒造卻早在 1919 年已取得釀造威士忌的生產許可，雖然直到 1989 年才實際展開威士忌蒸餾。再者，相較於其他日本蒸餾廠多半在高溫、高濕的夏季六、七月間進行關廠維修，該廠卻往往在這段期間才能進行蒸餾。因為技術人員在冬季必須先照料日本清酒的生產，秋季則需要進行葡萄酒的釀造，因此其實該廠威士忌製作時間只有夏季的兩個月。至於酒款部分，首先不到 1,000 日圓的平實價格已經令人感動。所謂「地酒」的設定應該是為了推行當地生產、當地銷售，而特別以低價回饋威士忌愛好者的作法。近似葡萄汁的香氣相當誘人，入口感覺也十分不錯。儘管幾乎沒什麼熟成風味，但這款威士忌卻獨自走出鮮明的風格路線。不僅作為日常飲用的威士忌完全沒問題，對像我這樣涉獵廣泛的飲者來說，合理的價格更是讓人心懷感謝。能適應加冰塊、水割、加蘇打水等各種不同飲用法的彈性，尤其讓人刮目相看。

參考零售價 998 日圓

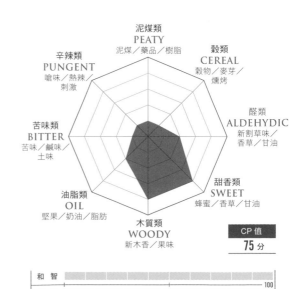

超划算的輕鬆酒款

AKASHI RED
紅明石地酒

500ml 40%

酒款印象

　　首先，大約 700 日圓的價格，已經幾乎讓像我這種沒有「休肝日」的嗜酒者感動落淚，一聞香氣，則有扎扎實實酒精濃度 40％的刺激。幾乎全無熟成感，舌上則留下清楚的酒精刺激。當然，喝了幾杯之後也有可能逐漸習慣這種風味，也逐漸感覺酒款的表現為「這就是明石的個性」，十分合理。可惜的是，儘管我常告誡自己品飲時不應該只專注優點，仍然很難做到。雖然我的確不偏好使用「高性價比」形容這款酒，但或許確實能被冠上這樣的稱號。這款威士忌可以在冬天加熱水，夏天搭配蘇打水或果汁等喝法。由於價格很輕鬆，因此在喝法上也可以完全不拘泥地適用於各種搭配場合。

參考零售價 780 日圓

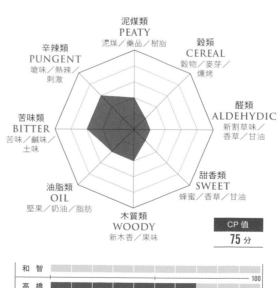

本坊酒造 Mars 信州蒸餾廠

地 址	〒 399-4301 長野縣上伊那郡宮田村 4752-31
交通方式	【電車】JR 飯田線「駒根站」或「宮田站」下車，轉搭計程車約十分鐘。 【開車】中央高速在「駒根交流道」出口下，約五分鐘。
營業時間	9：00～16：00，每年年初、年底休館，另有其他臨時休館。
參觀方式	免費參觀。參觀威士忌製造工廠、原酒儲酒庫，也能參觀啤酒製造生產過程，店內提供威士忌販售試飲。九位以下不須預約。參觀時間 9：00～16：00（最終受理時間為 15：30）。

TEL：0265-85-4633
http://www.hombo.co.jp/

綜合酒類生產者

　　推出 Mars 威士忌的本坊酒造根據地為鹿兒島，創業於 1872 年，是一家誕生於十九世紀的公司。鹿兒島是生產燒酎的大本營，與燒酎一路走來的本坊酒造，預測戰後會迎向洋酒時代，而在 1949 年取得了威士忌的生產執照，因此並非新興的威士忌製造公司。接著，廠方在 1960 年，選擇在山梨設立威士忌和葡萄酒廠，開始生產釀造酒，步上如同三得利和寶酒造等綜合酒類生產者的軌跡。如今，這座 Mars 信州蒸餾廠就是在 1985 年，將原設在山梨縣的威士忌製造廠獨立轉移的現址。地處中央阿爾卑斯的宮田村，海拔 798 公尺，是國內海拔最高的蒸餾廠，年平均氣溫只有攝氏 11 度，就連八月的平均氣溫都只有 22.6 度，一月均溫更只有 -3.7 度，以一年的高低溫差來看，夏季的高溫 33 度將在冬季轉為 -10 度，近 50

連結冷凝器的林恩
臂前端，設計成收
束得極細。

新增了窺視窗的
蒸餾器。

度的極大溫差屬於高原型氣候。聳立在天
龍川支流太田切川旁的蒸餾廠旁，還附設
生產當地「南信州啤酒」的啤酒廠（駒之
岳釀造所）。

單一麥芽「駒之岳」

　　這座蒸餾廠自 1985 年開始啟動，曾
在威士忌市場表現低迷的 1992 年有過暫
時的停工期。停工期的威士忌部門便集中
精神在管理酒倉與開發成新產品等等，

1996 年，推出了單一麥芽「Maltage 駒
之岳 10 年」，之後又陸續推出多款冠以
「駒之岳」名稱的單一麥芽威士忌。隨著
近年威士忌市場的需求回復，「信州蒸
餾廠」的蒸餾器也再度於 2011 年啟動，
經過了三年熟成，成為 2014 年的限量六
千瓶珍稀酒款「The Revival 2011 單一麥
芽駒之岳」。其間，「Mars Maltage 3+25
28 年」更在 2013 年的世界威士忌大獎榮
獲最高殊榮。隨著酒款獲得「世界最佳

調和麥芽威士忌」（World's Best Blended Malt）獎項，身為日本國產的 Mars 威士忌也一舉確立了國際地位。

如今，承襲「Revival」之名的威士忌已全數售罄。Mars 的愛好者期盼的麥芽威士忌，只有定期販售且數量有限的「單一麥芽駒之岳」系列、調和麥芽的「Mars Maltage 越百純麥精選」，以及未來常態推出的「單一麥芽駒之岳」。

如今，蒸餾廠遊客中心的斜對面，便陳列了一對當年從山梨工廠移到這座信州蒸餾廠的古老舊罐式蒸餾器，即最早的「岩井罐式蒸餾器」。所謂「岩井罐式蒸餾器」的岩井，就是當年 Nikka 創業者竹鶴政孝在攝津酒造工作的直屬上司岩井喜一郎，岩井也是當年力薦竹鶴前往蘇格蘭留學的重要推手。因此，在竹鶴返國後，曾向岩井提出一份「威士忌實習報告書」，也就是日後成為國產威士忌出發點的「竹鶴筆記」。由於岩井曾在 1945 年就任本坊酒造顧問，因此在酒造於 1949 年取得製造威士忌執照以及 1960 年洋酒據點山梨工廠竣工時，便參與蒸餾廠設計和指導；岩井就是在參考「竹鶴筆記」後，設計出當年的「岩井罐式蒸餾器」。可謂 Mars 威士忌之父的岩井，也堪稱日本威士忌初期的偉人之一。

2014 年，這座原版「岩井式」罐式蒸餾器終於來到生命的終點，廠內設備也因此更新為現今使用的罐式蒸餾器。現在的罐式蒸餾器使用和舊式相同的間接加熱，更從原本舊式的線圈加熱，改為提升熱能效率的加熱罐式。蒸餾器底部的四具不銹鋼加熱罐，能以蒸汽加熱蒸餾器中的發酵酒液，至於罐式蒸餾器的天鵝頸形狀則保留了過去一貫的設計。

酒廠的釀酒水源為中央阿爾卑斯的地下水，蘇格蘭產的麥芽會在不銹鋼糖化槽進行糖化，接著在 1960 年製的發酵槽發酵。廠內共設有五座容量各 7,000 公升的發酵槽；初次蒸餾時，技術人員可以透過蒸餾器頸部增設的窺視窗，以肉眼確認酒液的狀況，隨著加熱，含有酒精的水蒸氣會上升，從林恩臂流向冷凝器，酒精蒸氣凝結成液體。完成初次蒸餾的酒液，接著會經過二次蒸餾成為新酒。技師會在蒸餾過程從香氣判斷原酒，當香氣愈趨水果風味的華麗甘甜，就愈接近能留存的酒心。隨著蒸餾繼續進行，香氣也從果味的豐富華麗轉為穀物的厚重沉實，這也代表此時開始進入後段的濁段酒。也就是說，並非所有經過二次蒸餾的酒液，最終都能成為可使用的原酒，只有其中的一部分會篩選為進入木桶熟成的威士忌原酒。層架式的陳年酒倉內有美國橡木的新桶、雪莉桶、水楢桶、波本桶，以及自家葡萄酒廠的二手葡萄酒桶，木桶尺寸也很多元。

自 1960 年使用至今的銅製發酵槽，由於當時不鏽鋼價格高昂，因此普遍以使用鋼材
為主，現今則是以不鏽鋼或花旗松等木製發酵槽為主。並藉由不同的酵母產出多元的
原酒。為了確保威士忌的酒質，發酵槽每次用畢都必須由工作人員徹底人工清洗。

6

此座陳年酒倉儲有約六百桶原酒，只分成五層層架，相較於其他大廠顯得空間十足，
桶材主要為波本桶，此外尚有雪莉桶、美國白橡木新桶與葡萄酒桶等。

岩井喜一郎式設計活躍中

Mars 信州蒸餾廠罐式蒸餾器

Mars 信州蒸餾廠廠長

竹平考輝

一邊看著「竹鶴筆記」，一邊想像當年岩井喜一郎到底想要創造什麼樣的威士忌。直到今天，全年最多可以創造出一百八十種威士忌。

編輯部：想請教竹平廠長成為本廠廠長的過程？

竹平：1995 年，本坊酒造擔任主要大股東，再加上地方行政機構駒之根市與宮田村聯合其他多家民間企業，共同出資成立了「南信州啤酒株式會社」。隔年，我就加入了南信州啤酒公司，在 Mars 信州蒸餾廠內的駒之岳釀造所負責啤酒釀造。接著，我在 2004 年成為駒之岳釀造所的負責人，在負責啤酒釀造十五年後，由於國內於 2008 年掀起了新一波威士忌風潮，國內的威士忌市場也有明顯復甦，因此 Mars 威士忌也在這樣的影響下，決定復工再度投產。我在隔年的 2012 年成為蒸餾廠的廠長。想當初，時隔十九年再度投產時，熟知威士忌生產的只有過去擔任釀造的常務一人。所幸，威士忌蒸餾之前的釀造工程和啤酒有許多共通點，因此過去一直負責釀造啤酒的我，才會被指定成為 Mars 威

士忌的負責人，承襲廠內的釀造傳統。

編輯部：想請教您關於 Mars 威士忌的發展過程？

竹平：1872 年，本坊酒造在鹿兒島創設，最早是以生產燒酎「黑麴櫻島」、「貴匠藏」等酒款聞名的老牌酒廠。1918 年，引進了當時最先進的技術生產燒酎，以柱式蒸餾器生產的燒酎「寶星」，讓酒廠的發展更上層樓。到了二戰後的 1949 年，鹿兒島的酒廠（今日的津貫蒸餾廠）取得了同為蒸餾酒的威士忌生產執照。並在顧問岩井喜一郎的指導下，開始了威士忌的生產。接著在 1960 年正式投入洋酒事業，並在山梨設立洋酒生產據點，也就是今日的 Mars 山梨酒廠，在岩井的指導下，設置了由他設計的威士忌蒸餾設備，自此開始生產麥芽原酒。今日的 Mars 威士忌，先是以本坊酒造創業採用的象徵「星」為主題，再由一般大眾投票遴選出和「星」有關的「火星」（Mars）而誕生。爾後，酒廠持續在鹿兒島和山梨兩地生產威士忌，並在 1985 年在地威士忌蔚為風尚之際，選擇以「活化日本風土以生產正統威士忌」為目標，因此在優質水源、絕佳環境等考量下，決定將生產設備從山梨移至長野縣上伊那郡宮田村，也將分散兩地的威士忌生產，集中到今天的 Mars 信州蒸餾廠。但是，1989 年，由於酒稅法修正與廢止分級等制度變化，使當時 Mars 威士忌的主力商品，因為價格面臨一夕之間倍增的情況而需求大減。最後，終於因為日本國內威士忌市場的長期低迷，選擇在 1992 年暫停蒸餾。孰料，日本國內市場又在 2008 年迎來久違的威士忌熱潮，於是廠方在考慮各種歷史背景後，終於決定再度生產威士忌，讓 Mars 信州蒸餾廠在十九年後重新開始蒸餾。重新蒸餾的第一年，由於還須兼顧確認設備狀態，因此只進行了三十六次蒸餾，翌年才陸續增加為四十八次、六十次與九十次，到了 2014 年，終於推出眾所期待的單一麥芽威士忌「The Revival 2011 單一麥芽駒之岳」。同年，由岩井設計的 1960 年製蒸餾器，也終於在半世紀後達到使用年限，因此更換為同形狀的新蒸餾器。如今，本廠的年蒸餾次數可達一百八十次。2016 年，在本坊酒造創立的鹿兒島加世田津貫，更設立了 Mars 津貫蒸餾廠，此外，還在屋久島也新

設了酒倉。如今，我們希望以兩座蒸餾廠與三處陳年酒倉的規模，盡可能地強化產能，確保能有更多風格各異的原酒，迎向未來的新挑戰。

編輯部：可以告訴我們更多關於顧問岩井喜一郎先生的事蹟嗎？

竹平：岩井喜一郎先生幾乎可以稱為 Mars 威士忌之父。他是 1902 年大阪高等工業學校釀造學科的第一屆畢業生，爾後歷經宇治火藥製造廠酒精廠長等職務，確立了日本式以麴糖化的酒精製造基礎。隨後進入攝津酒造，領先全國開始生產新式燒酎、開發合成清酒等。剛開始大量化工業生產的酒類業界，他以酒精精製技術第一把交椅的身分廣為人知。也是拜他所賜，他的學弟兼部下的竹鶴政孝才有了前往蘇格蘭學習的機會，成為習得正統威士忌釀造的第一人。竹鶴返國後，提出了日本發展威士忌報告書，也成為今天日本國產威士忌的原點，即「威士忌實習報告書」（竹鶴筆記）。儘管攝津酒造的威士忌生產因為景氣不佳而受挫，竹鶴也因此離職，後來仍歷經各種曲折才終於實現了他的威士忌夢。另一方面，岩井則任教於大阪帝國大學工學部，後來本坊酒造的本坊藏吉，不只是他的學生（畢業論文主題為「蒸餾器」），最終更成了岩井的女婿。於是，藏吉在恩師和岳父的指導下，為了提升酒廠技術品質下了很大功夫。1960 年，更請威士忌部門的計畫委任岩井參考「威士忌實習報告書」，設計指導山梨威士忌蒸餾廠的各種相關設施。這才在承襲傳統日本威士忌血統下，催生了 Mars 威士忌。

編輯部：這裡的氣候對威士忌的熟成有什麼影響呢？

竹平：由於本廠的海拔相當高、氣候寒冷，再加上夏天溫度可達攝氏 33 度，但是冬天卻可能只有 -15 度，因此年溫度差相當明顯，桶中熟成的原酒也因此有很大影響。蘇格蘭基本上屬於涼爽的天候，夏季氣溫約為 20 度，冬季約為 5 度，年溫差只有約 15 度，因此可以緩慢成熟。另一方面，臺灣或印度的威士忌生產則面臨另一種有趣的情況。Mars 威士忌給人的第一印象，往往是極為華麗的果香，隨著時間慢慢變化成麥芽類香氣濃郁。雖然我們仍不清

楚這些風味的明確成因，但是應該和釀法與儲酒環境有相當大的關連。比方在日本國內，即便麥芽原酒酚值相同，但是隨著設備或熟成環境的不同，最終酒款還是有截然不同的表現。比如，其他廠的重泥煤酒款可能一開始有很明顯的泥煤風味，但入口後卻出現更多果香。Mars 威士忌的重泥煤，則是在一開始有更多麥芽甜香和水果類的豐濃脂滑，入口後，逐漸在後味有層層的泥煤感。這種現象背後的原因我們也很難解釋，只能說是各家蒸餾廠的不同個性。

編輯部：請教貴廠的麥芽購自何處？

竹平：我們用的是蘇格蘭產的麥芽，現在用的主要是無泥煤和酚值 3.5ppm，另外也有 20ppm 與 50ppm，總共四種。

編輯部：關於熟成原酒的木桶呢？

竹平：使用最多的是來自美國的波本桶，其他還有雪莉桶、美國白橡木的新桶與日本國產新桶等。

編輯部：貴公司雖然是以竹鶴政孝的「威士忌實習報告書」為基礎，承襲岩井喜一郎的蘇格蘭威士忌糸譜，而產出正統威士忌，但是難道不想創造屬於自家的原創酒款嗎？

竹平：雖然不是我的原創，但是我們在 2016 年 11 月啟用的鹿兒島津貫蒸餾廠中，便是使用嶄新的洋蔥型罐式蒸餾器。1 噸原料可以在一次蒸餾後產出 6 公斤，二次蒸餾後更只有不到 4 公斤，目前的信州則是 8 公斤。

編輯部：為什麼決定改變蒸餾器的形狀呢？

竹平：如前所述，由於信州蒸餾廠的設備是參考「威士忌實習報告書」，並依照岩井的想法所設計的設備。從蒸餾器的外觀也不難看出，其實能做出更厚重風格的垂直天鵝頸，但口感卻出人意外地偏向柔順溫和。再仔細一點，就能看出在林恩臂前端收束得很緊，提高了蒸氣接觸銅質蒸餾器的效率。至於在津貫蒸餾廠的部分，由於考量到熟成環境不同，熟成速度會比信州更快速，因此為了讓酒質能支撐更快速溶出的木桶成分，因此設定成做出讓人聯想到鹿兒島的櫻島，或者說帶有更多屬於南國的熱帶水果風味，整體更強勁濃厚的威士忌原酒。相較於信州的原酒，津貫的目標會是做出更厚重強勁

的原酒，因此才會選擇洋蔥型，林恩臂的角度也比信州的更下傾，但先端的寬度反而不是如此明顯地收束，甚至在糖化和發酵槽的部分，也針對一些信州的問題點進行改良。

編輯部：可以說是 Mars 威士忌的集大成嗎？

竹平：威士忌的生產本來就是受到各種因素影響，不管是從原料、麥粒磨碎的顆粒大小、酵母種類、糖化方法、發酵槽材質、發酵期間、蒸餾與熟成環境等，所有變因都可能牽一髮而動全身。就算光看原酒的熟成，也會只因為在酒倉的存放位置不同，

而出現酒色、香氣，甚至熟成程度的微妙差異。以 Mars 威士忌的木桶熟成來說，也還分為位於長野中央山麓的涼爽氣候 Mars 信州蒸餾廠；或位於盆地具備寒暖差的溫暖氣候津貫蒸餾廠；還有被中國海和太平洋圍繞、氣候多變化的屋久島上陳年酒倉。這些在不同海拔高度、溫度、濕度與氣壓環境下熟成的原酒，最終當然也都會成為風味各異的威士忌，而 Mars 威士忌也希望能藉由這些風味各異的多彩原酒，持續挑戰為日本威士忌創造出嶄新價值。

編輯部：非常感謝您寶貴的意見。

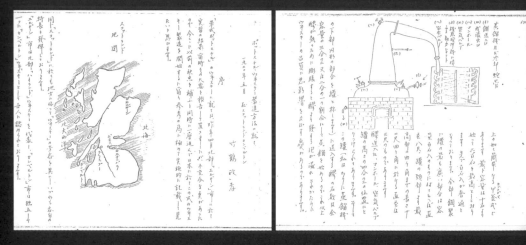

竹鶴政孝向岩井喜一郎提出的「威士忌實習報告書」，亦即所謂「竹鶴筆記」。署名前面還有標示「1920 年 5 月」，甚至註明了報告寫作地點是在「蘇格蘭」，文章的標題便是「關於威士忌製造方法：蒸餾器」。

照片中便是岩井喜一郎，其致力於建設 Mars 信州蒸餾廠原點之本坊酒造山梨工廠。他根據竹鶴政孝提出的威士忌實習報告書，設計出「岩井罐式蒸餾器」。

圖中便是岩井喜一郎參考「竹鶴筆記」而設計出的「岩井罐式蒸餾器」，由於已屆使用年限，目前只在信州蒸餾廠作為裝飾，這裡也是訪客爭相攝影留念的景點。

參觀完酒廠後，訪客可以在試酒室品嘗到該廠生產的各種酒類，包含啤酒。另外還能購買各種紀念品。

本坊酒造 Mars 津貫蒸餾廠

地 址	〒 899-3611 鹿兒島縣南薩摩市加世田津貫 6594	TEL：0993-55-2001 （預約與詢問）
交通方式	【電車與巴士】自鹿兒島機場約九十分鐘。鹿兒島交通巴士 0 號往「枕崎加世田」方向。或是自鹿兒島中央車站搭乘 JR 約兩小時，鹿兒島交通巴士東十六乘車場往「加世田」方向。 兩者均在「加世田巴士站」下車，轉乘往「枕崎津貫」方向在「津貫」下車。 【開車】走九州自動車道經「谷山交流道」，自鹿兒島機場約九十分鐘。	http://www.hombo.co.jp/
營業時間	12/29 ～ 1/3 以外的每天，另有臨時休館，9：00 ～ 16：00。	
參觀方式	免費參觀。參觀威士忌蒸餾廠內的製造工序。本坊家族舊邸「寶常」提供付費試飲（約十五分鐘）。十位以上須於五日前預約。	

眾所期待的第二座蒸餾廠

本坊酒造的第二座蒸餾廠「津貫蒸餾廠」，終於在 2016 年 11 月啟動。本坊早在 1949 年便取得威士忌製造許可，岩井喜一郎在將自己的夢想託付給下屬竹鶴政孝之後，幾經曲折才終於成為本廠顧問。近七十年後，本坊才在鹿兒島的加世田津貫，終於有了第二座蒸餾廠。這裡不只是本坊家族的發祥地，也是本坊和人社長渡過幼年時期、充滿回憶的地方。時隔三十二年，再度回到故鄉生產威士忌。

本坊曾在 1992 年因國內的威士忌市場低迷，不得不停產威士忌，終於在近年，遇上這波新興的威士忌風潮，為了把握千載難逢的一大機遇，在社長的催促下，試著抓住「新設蒸餾廠必須趁現在」的大好時機。

酒廠所在的「津貫」距市區約一個半小時的車程。津貫蒸餾廠位於薩摩半島西南綠意盎然的鄉間。一般大家或許以為鹿兒島應該是相當溫暖的區域，但位於盆地的津貫卻意外在冬季有西北風，有時甚至寒冷到常有積雪，夏季則屬於酷熱多濕的氣候。不同於信州蒸餾廠位於海拔 798 公尺的涼爽氣候，津貫蒸餾廠屬於溫暖型氣候，且位於日本境內最南端，海拔也只有 60 公尺，因此期待能產出更強勁豐厚的威士忌。

蒸餾廠占地約 200 坪，耗費約 5 億日圓興建，現有工作人員約四十位。主要設備包括一次和二次蒸餾的一組共兩座蒸餾器、碎麥芽磨粉機、糖化機、兩座糖化槽、五座發酵槽與烈酒蒸餾器。這裡原是本坊酒造生產燒酎的據點，因此廠內仍留有生產燒酎的酒藏，這也讓在既存設備中新設的威士忌蒸餾廠，嶄露不同他廠的獨特歷史。一旁還有以本坊家族舊邸改建的咖啡酒吧「寶常」，更替蒸餾廠增添幾許觀光景點的魅力。

津貫蒸餾廠的罐式蒸餾器是一組兩座的寬頸式設計，為洋蔥型一次蒸餾器，形狀確實是名符其實的洋蔥型。津貫蒸餾廠的罐式蒸餾器的頸部收束寬度和林恩臂傾斜角度，也與信州蒸餾廠由岩井喜一郎設計的蒸餾器不同，因此相較於風味更純淨堅實的信州蒸餾廠，津貫蒸餾廠則希望原酒能呈現「櫻島特色的厚重沉實」。另

圖中右邊為容量 5,800 公升的一次蒸餾器，左邊則是 27,000 公升的二次蒸餾器，儘管照片看不到底座遮蓋的部分，但從正面仍能看出蒸餾器呈洋蔥型。

外，本廠蒸餾器的設計還讓香氣成分能更直接進入原酒。

目前年產量預計為 108,000 公升，如果以每天 1 噸麥芽計算，能產出酒精濃度約 60％的原酒約 600 公升，一年啟動日數約為一百八十天，能達到和信州蒸餾廠大致相同的規模。

酒廠使用由蘇格蘭進口的大麥，儘管目前酒廠也在長野進行二稜大麥的研發，另外也考慮要在鹿兒島種植大麥。儘管這些大麥或許只占原料很小一部分，但是酒廠仍然希望為活化地方產業致一份心力。使用的麥芽則從無泥煤到酚值 50 ppm 共四種，再加上陳年木桶的搭配組合，建構出酒廠風味多元的原酒。據說本坊社長想要打造的威士忌是「南國熟成、具有熱帶感的厚重威士忌」且是「華麗而不黯沉的男性風格」。

此外，津貫蒸餾廠也藉由導入所有最新設備，反映 Mars 在信州蒸餾廠累積的釀造經驗。例如，津貫採用的全自動式糖化槽就能透過電熱器讓麥汁保溫，且始終維持在最適當的溫度。另外，酒槽內部還設有洗淨裝置，讓各種清潔維護工作更容易進行。發酵槽共有五座，也全都使用自動化溫控管理，由於酵母消耗糖的發酵過程會散熱，但是過高的溫度卻也會殺死酵母，因此必須讓槽內降溫。津貫蒸餾廠採用的不銹鋼發酵槽能透過內設的水線為發酵槽加溫或冷卻。Mars 威士忌另一個共通特色就是都設有「酒母槽」。酒母槽指的是純粹培養酵母的裝置，一般酒廠多半是將自海外進口的乾酵母，直接投入發酵槽發酵，但津貫卻是自行培養酵母。提高麥汁溫度並殺菌後，會進行再度降溫並投入種子酵母，接著打入空氣進行酵母培

養。透過使用各種培養酵母，據說更能釀出具有特色的威士忌。

至於培養威士忌不可或缺的木桶，津貫基本上使用波本桶、美國白橡木新桶與雪莉桶等進口木桶。另外，未來更預計部分板材會實驗性地使用櫻花木。同時也考慮使用旗下山梨葡萄酒廠的葡萄酒空桶，或將鹿兒島的梅酒或燒酎桶再利用，希望能透過各種嘗試，找出最適合自家威士忌的陳年方式。至於完全使用日本國產木桶的威士忌釀造，當然也是目標之一，但是由於木材來源相當有限，因此現階段仍受制於數量稀少、價格高昂而難以實現。此外，常被認為是具有日本特色的水楢桶，同樣也因為價格高昂而難以普及。儘管如此，信州和津貫仍有少數的水楢桶原酒，值得期待。

津貫以舊有的石造酒窖作為熟成酒倉，酒倉因此擁有石造的外牆和木作架構，能充分感受到酒廠的歷史軌跡。

有趣的是，當年為了紀念津貫蒸餾廠啟動，廠方曾在 2016 年 11 月，推出於津貫經過三年以上培養的信州蒸餾原酒，即限量的「單一麥芽駒之岳津貫陳年」。據說，當廠方比較試飲陳年時間相同、酒倉地點不同的相同原酒，發現雖然僅經過短短三年，但兩者已培養出截然不同的風味口感。因此，如果將津貫蒸餾的原酒放在信州培養，應該也會發展成截然不同的風貌。所以，一旦加上屋久島新設的陳年酒倉，不難想像未來 Mars 威士忌將因為更多樣貌不同的原酒而有更豐富的發展。

蒸餾廠一旁以本坊酒造第二代社長的舊宅邸改裝成的咖啡酒吧「寶常」，如今已不只是一家酒吧，還販售酒類和各種紀念品。日式家屋的和式風格與西洋風貌的威士忌蒸餾廠，兩者完美融合。從傳統的日式建築一邊眺望庭園、一邊啜飲威士忌，嘗起來似乎也有不同以往的風味。這些獨有的特色正是津貫蒸餾廠讓訪客流連不已的魅力所在。

從本坊社長的言談中，不難感受到他的熱情：「我們期許能將包括燒酎蒸餾的本坊酒造根據地——鹿兒島的加世田津貫，打造成具有象徵意義的場所。希望向一般消費者及專業人士分享已受全球認可的日本威士忌製造軌跡。同時期盼所有的訪客都能在這裡玩得開心、喝得愉快。」

本坊社長和谷口常務（左），攝於津貫蒸餾廠正面入口。

榮獲 2013 年世界威士忌大獎最高殊榮的「Mars Maltage 3+25 28 年」原酒，就是產自這座看起來很有年代感的舊式蒸餾器，現今則用來生產琴酒和烈酒。

這些新型烈酒蒸餾器也用於生產琴酒和烈酒。

自蘇格蘭進口的 1 噸裝大麥。如今，廠方也在鹿兒島和長野進行二稜大麥的種植研發，雖然只能小量生產，但仍積極嘗試產出在地威士忌。使用的麥芽從無泥煤到酚值 50 ppm 共四種，再加上和陳年木桶的搭配，能組合出風味多元的原酒。

津貫的發酵槽比信州更自動化，能用電熱器讓麥汁維持在一定溫度，以便維持在最適合糖化的狀態。酒槽內部還設有定位洗淨裝置，讓清潔保養更容易進行。

糖化槽內部設有照片左上方的噴球,能自動
噴射藥劑進行內部清潔,比信州蒸餾廠的設
備更容易保養維護。

津貫蒸餾廠的糖化槽全採不銹鋼製,所有酒槽都設有能加溫
或冷卻的管線。

發酵槽也和糖化槽一樣設有自動洗淨的
噴球，能用藥劑和溫水進行自動洗淨。

津貫蒸餾廠的特色之一便是兩座 600 公升的「酒母槽」。因為這兩
座培養酵母的裝置，廠方可以不用購買乾酵母而直接培養。在提高麥
汁溫度並殺菌後，再降溫投入種子酵母，接著打入空氣進行酵母培
養。信州蒸餾廠也同樣使用培養酵母，釀出更具特色的威士忌。

津貫基本上採用波本桶、美國白橡木新桶與雪莉桶等進口桶。也計畫實驗性採用部分櫻花木木桶。此外，也考慮使用旗下山梨葡萄酒廠的葡萄酒空桶，或將鹿兒島的梅酒或燒酎桶再利用。建於 1953 年的石窖原本作為製品儲藏庫，新設蒸餾廠建成後改為陳年酒倉。

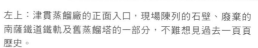

左上：津貫蒸餾廠的正面入口，現場陳列的石壁、廢棄的南薩鐵道鐵軌及舊蒸餾塔的一部分，不難想見過去一頁頁歷史。

右上：以傳統的日式家屋本坊酒造舊宅邸改裝成的咖啡酒吧，可以在戶外露臺渡過愉快的時光。

左下：酒吧內設有充滿古典風情的吧檯，可以品嘗 Mars 威士忌、白蘭地與梅酒等。

本
坊
酒
造
的
大
瓶
裝
威
士
忌

MARS BLENDED WHISKY EXTRA
Mars 特選

1,800ml 37%

酒款印象

　　首先是純飲的第一印象：隨著 37％酒精濃度並不特別強烈的刺激感散去，儘管能感覺到穀物類的甜味，但全無泥煤類的感受。整體並無特出的香氣，而是模糊且難以辨別風味的輪廓。另外，除了略顯陳膩的甜味之外沒有其他明顯風味，加冰塊後，甜膩感消退，突顯了類似和果子的甘甜和輪廓，終於顯現這款酒較佳樣貌，比純飲好喝太多了。水割後，儘管整體風味變得淡薄，但由於欠缺突出的香氣，因此只顯得單薄，如果一定要稀釋，建議加蘇打水做成高球應該是最佳的品飲方式。超大容量的瓶裝讓人回想起過去的年代，風味也彷彿回到五十年前，日本還處在威士忌黎明期的二級酒味道。幾乎是將當年的威士忌味道直接封存，讓人彷彿乘著時光機回到過去的一款酒。

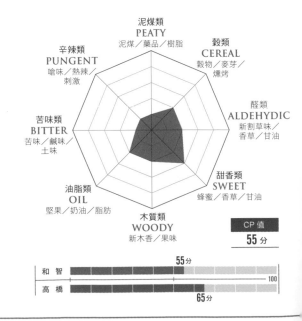

三成經七年熟成麥芽

MARS WHISKY THREE AND SEVEN

Mars 威士忌 3 & 7

720ml 40%

酒款印象

深濃的酒色，讓人聯想起熟成木桶經燻烤的深色內壁，然而源自木桶的香草等風味，在香氣和口感的表現卻沒有色澤暗示來得濃郁，反而只有淡淡的木桶芬芳。酒精感相當溫和，也少刺激，就算是用日本人較不習慣的純飲方式飲用，也沒有過度的酒精刺激，只有些許應是源自麥芽的甘甜和澀味。酒款整體盡管薄弱卻仍有熟成感，風味具備少許深度，尾韻中庸。因為這款酒是由經七年熟成的麥芽原酒，加上三年的穀類原酒調和而成，因此酒名也就直接稱為「3&7」，儘管酒體稍顯淡薄，但卻有比價格更高的價值，讓人另眼相看。

Nikka 創業者竹鶴政孝，雖然因為當年前往蘇格蘭學習威士忌的正統作法而聲名大噪，但是當年派竹鶴前往蘇格蘭學習的其實是當時在攝津酒造擔任竹鶴直屬上司的岩井喜一郎，也是後來本廠的顧問，因此在 Mars 信州蒸餾廠廠內，還有冠上他名字的蒸餾器「岩井罐式蒸餾器」。這位日後積極參與 Mars 威士忌生產的人物，堪稱日本威士忌初期的偉人之一。

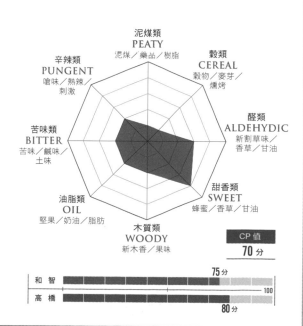

在群山環繞中成熟

MARS WHISKY TWINALPS
雙岳

750ml 40%

酒款印象

　　整體而言，本坊酒造的威士忌在全國知名度偏低，多半只給人留下「地方特產威士忌」的印象，但如果仔細品嘗，就會發現酒款其實都有不錯的實力和個性，知名度之所以並不高，應該只是宣傳不足。以這款酒來說，從酒杯感受到的酒精刺激平平穩穩、恰到好處，入口也很溫和，風味不同於單純的麥芽，而帶有更多由焦香苦澀構成的層次，伴隨苦澀出現的還有飄著淡淡木桶風味的香草和微甜，以及些許梅子類的水果酸度。畢竟屬於調和威士忌，因此並沒有特別強調麥芽風味，也不具突出的熟成感，卻能從麥芽和穀類原酒間的絕佳均衡，讓人感受到酒款的優異之處。儘管「岩井罐式蒸餾器」、使用來自群山的天然水源、高原風土熟成等，再再都讓這款酒給人留下「地方特產威士忌」的形象，但風味其實親和力十足，能讓很多對蘇格蘭威士忌突出泥煤風味退避三舍的大多數飲者都欣然接受，極適合日本人口味的一款。只是對於像我這種本來就偏好威士忌擁有更多獨特風味的人而言，就比較……。

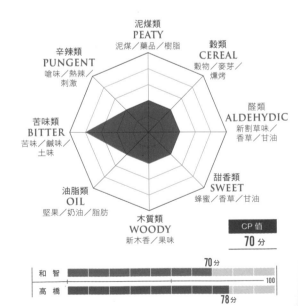

泥煤類
PEATY
泥煤／藥品／樹脂

穀類
CEREAL
穀物／麥芽／燻烤

醛類
ALDEHYDIC
新割草味／
香草／甘油

甜香類
SWEET
蜂蜜／香草／甘油

木質類
WOODY
新木香／果味

油脂類
OIL
堅果／奶油／脂肪

苦味類
BITTER
苦味／鹹味／
土味

辛辣類
PUNGENT
嗆味／熱辣／
刺激

CP 值
70 分

和智		70分
		100
高橋		78分

甘美葡萄汁液般的平順深厚熟成感

MARS MALTAGE COSMO
越百宇宙

700ml 43%

酒款印象

　　以 Mars 威士忌來說，由於單一麥芽的「駒之岳」已經在忠實愛好者之間有極高人氣，幾乎成為極難買到的夢幻逸品，因此如今能穩定購入的麥芽威士忌，就只有這款無年份的「越百宇宙」。酒款的名稱源自中央高山的越百山，加上日文聽起來和拉丁文代表宇宙的「Cosmo」很接近，因此也不難感受酒廠試圖讓酒款走向國際的意圖。酒標也描繪了山巒間的星空，似乎強調產自信州的概念，但因為是調和麥芽威士忌，不禁讓人聯想到或許有來自鹿兒島蒸餾廠的麥芽原酒。

　　酒色在糖果色中帶有褐色，香氣甚少酒精的刺激和揮發感，圓順的風味略帶熟成感。些微的泥煤風味和雪莉桶般的華麗印象中隱帶有些微塑膠味，和帶著香草的微弱苦澀融為一體，更有清爽的葡萄與洋梨等水果類酸度，蜂蜜、穀物及焦糖類的甘甜，層層交織出華麗的風味全貌。後味悠長，苦味綿長。大約 4,000 日圓的價格，相較於另外兩家大廠的同級產品，也有自己的個性主張，完全不遜色。只是想買到也愈來愈難，我手上這瓶也是參觀蒸餾廠才好不容易買到。

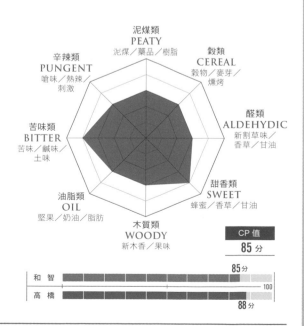

泥煤類
PEATY
泥煤／藥品／樹脂

穀類
CEREAL
穀物／麥芽／燻烤

辛辣類
PUNGENT
嗆味／熱辣／刺激

醛類
ALDEHYDIC
新割草味／香草／甘油

苦味類
BITTER
苦味／鹹味／土味

甜香類
SWEET
蜂蜜／香草／甘油

油脂類
OIL
堅果／奶油／脂肪

木質類
WOODY
新木香／果味

CP 值
85 分

和　智　　85分　　100
高　橋　　88分

實惠的高級在地威士忌

MARS WHISKY IWAI TRADITION
岩井傳統

750ml 40%

酒款印象

　　這款調和威士忌為限定販售，推出文案是「懷抱對 Mars 威士忌之父岩井喜一郎的尊敬和感謝」。此處的「限定」倒不是指酒款的數量受限，而是只在「特定酒類專賣店銷售」，幸好在各主要都市的較大型專賣店或網路商店都還是很容易買得到。此款威士忌與前兩款瓶形相同，但酒色卻更接近濃褐色，讓人在品嘗前就充滿期待。首先以純飲確認香氣，年輕的酒精感中有較強的焦糖甜香和略微的泥煤香，入口則出現令人聯想到波本桶的木香和焦糖甘甜在口中擴散，接著，在烤土司類的香氣從鼻中逸散後，留下葡萄乾類的澀味和太妃糖般的甜香。若是加水兩成，能強調出原本隱微的泥煤風味，燻烤香也如純飲存在鼻中散去，但整體的風味口感卻稍嫌單調。最後，嘗試加冰塊飲用，純飲時鮮明的焦糖甜香變得更柔和，酒精的刺激和澀味也隨冰塊溶解變得柔和，讓人能緩慢感受香氣和口感的各種變化。儘管不清楚深濃酒色的成因，但實際口感並沒有酒色暗示的強烈風味特徵。不過，2,000 日圓出頭的售價只比一般酒款稍高一些，仍然相當划算。

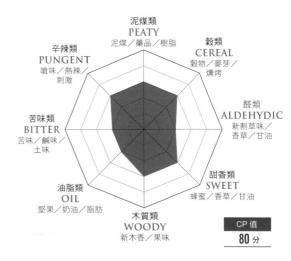

CP 值
80 分

和 智　　　　　　　　　　100

行 木　　　　　　　**82分**

柔順風味的限定酒款

MARS WHISKY SHINSHU
Mars 威士忌信州

720ml 40%

酒款印象

　　這款「Mars 威士忌信州」是本坊酒造信州蒸餾廠所產的調和威士忌,只在長野縣發售,因此當然也是所謂的在地威士忌。但是因為本坊酒造的「Mars 威士忌」其實多半也只能在特定地區找到,所謂的「地區限定」規則似乎不怎麼清楚。不過,至少這款酒的酒瓶還浮雕了雪花圖紋,氣氛十足。首先,純飲時的酒精刺激和揮發感便已經很少,整體風味偏柔順。但整體熟成度似乎不很足夠,穀類原酒風味因此較為突出。加上使用的穀類和麥芽原酒似乎數量並不特別豐富,因此整體風味簡單易懂,不討人厭。源自穀類原酒的穀物甜香還帶著澀味,與些許類似苦巧克力的苦味。桶香微弱,風味顯得平板缺乏亮點,尾韻的苦澀稍長。加冰塊後,泥煤香微幅上揚,突顯了純飲時欠缺的風味,可惜最終的甜味仍欠鮮明,難以替風味整體增添深度或明暗。若再以水割方式飲用,則更突顯澀味,顯得風味平庸。純飲或加水應該是最能展現風味的喝法,也很能帶來樂趣。對我來說,這款酒的意義在於走訪長野一趟的紀念。

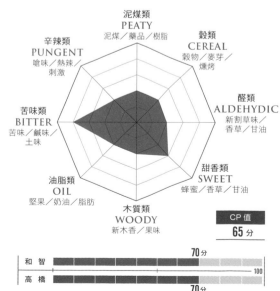

泥煤類
PEATY
泥煤/藥品/樹脂

穀類
CEREAL
穀物/麥芽/燻烤

辛辣類
PUNGENT
嗆味/熱辣/刺激

醛類
ALDEHYDIC
新割草味/香草/甘油

苦味類
BITTER
苦味/鹹味/土味

甜香類
SWEET
蜂蜜/香草/甘油

油脂類
OIL
堅果/奶油/脂肪

木質類
WOODY
新木香/果味

CP 值
65 分

和 智	70分
	100
高 橋	70分

VENTURE WHISKY CHICHIBU DISTILLERY

初創威士忌秩父蒸餾廠

地　址	〒 368-0067 埼玉縣秩父市綠之丘 49

TEL：0494-62-4601
https://ja-jp.facebook.com/
ChichibuDistillery/

交通方式	【電車】從秩父鐵道「皆野站」轉計程車，約十五分鐘。從西武線「西武秩父站」轉計程車，約二十分鐘。 【開車】走關越自動車道，在「花園交流道」進入皆野寄居付費道路往秩父直行，過收費站後第二個出口下，直行過大塚交叉點後，在下一個交叉點右轉，延綠之丘工業團地的看板前進即可抵達。
營業時間	─
參觀方式	不提供參觀。

風靡酒吧的「Ichiro's Malt」

從「羽生」到「秩父」

冠上公司擁有者肥土伊知郎之名的產品「Ichiro's Malt」在威士忌愛好者之間相當知名，遠比直接以公司名稱命名的「初創威士忌」（Venture Whisky），或蒸餾廠名的「秩父蒸餾廠」，更為大眾所知。因此，秩父蒸餾廠正是一家優先看重商品印象，而非公司業績的稀有蒸餾廠。

2004 年 9 月，創建於肥土社長出身地埼玉縣秩父市的初創威士忌公司，當初成立的緣由正是為了將其祖父創設的「羽生蒸餾廠」中，2000 年之前生產的原酒商品化。這些原酒也就成了今日初創威士忌公司的原生資產，也是連結今日的基礎。

在初創威士忌公司成立的四年前，也就是 2000 年，羽生蒸餾廠正式申請破產，並將營業權轉讓給其他公司。當時的威士忌市場一片蕭條，該公司不只選擇裁撤威士忌部門，還決定全面放棄蒸餾廠所藏一切原酒。肥土後來新創建的公司才決定將原酒商品化。

隔年的 2005 年，原本委託福島郡山市笹之川酒廠保管的羽生蒸餾廠威士忌原酒，終於裝瓶成為公司的第一批產品，最初裝瓶的六百瓶威士忌，於是也成為初創威士忌公司的首批產品。

超快速的進展

當初的第一批六百瓶酒，花了兩年終於銷售一空，接著廠方在 2007 年選定了現今的「秩父蒸餾廠」做為公司的生產據點。更精確的時間點應是在該年 3 月締結契約，7 月開始建廠，11 月完工。三個月後的 2008 年 2 月 7 號，取得威士忌生產執照，並且在一周後開始進行第一批酒的糖化工序。糖化的一周後，便開始第一次蒸餾，自 3 月 6 日起蒸餾更成為廠內每日必行的工序，初創威士忌的酒廠便以如此令人瞠目結舌的速度啟動。

然而，只是將完成蒸餾的原酒放進酒倉，還離展開生意有一大段距離。因為原酒儲存至少須三年，甚至長達五年，才能判斷威士忌的品質優劣。對經營威士忌酒廠來說，在浪漫的情懷之外，資金和勇於一搏的膽識也缺一不可。於是，在等待「秩父」原酒熟成的期間，初創威士忌公

由於希望持續大量購入品質一貫的麥芽，因此大多數蘇格蘭蒸餾廠會委託專業的發麥芽廠。目前麥芽燻窯多半只是象徵，但是初創威士忌公司表示希望能挑戰從製造麥芽開始，挑戰打造自己的威士忌。目前已經委託當地農家在主要作物蕎麥的農忙期外，也開始種植大麥。初創威士忌公司正朝向純國產持續進化。

在群山環繞秩父蒸餾廠裡肥土伊知郎社長手下聚集的，正是一群對威士忌愛到無可救藥的工作人員，積極地挑戰各種罕見的地板發芽或木桶製造等工序。

司的銷售收入就是將「羽生」所產的原酒商品化。

這些等待新製原酒熟成期間推出的「羽生」酒款，在很短的時間內就變身成為幾近傳說的系列酒款。以撲克牌酒標設計的「Card」系列酒款，由於每瓶都標示了蒸餾廠名、木桶編號、木桶種類、生產序號與總瓶數等，並以未經調整的原桶強度裝瓶，其中，又以「King of Diamonds」最為出名，此酒款在 2008 年獲得英國威士忌雜誌日本威士忌特集最高分的「金獎」榮譽，就此大開該廠的全球知名度。

緊接著，則是「秩父」系列，2012年 2 月美國威士忌專業雜誌舉辦的「年度日本威士忌」中，選出了「秩父」推出的第一款單一麥芽「秩父 The First」。至此，距離創廠的 2008 年 3 月 6 號也不過才四年的時間。能以僅僅三年的酒款獲得如此殊榮，算是罕見的異例。

蘇格蘭的作法

「秩父蒸餾廠」的蒸餾工序幾乎承襲了蘇格蘭的作法，和當地正統的老牌蒸餾廠一致。唯一不同之處僅在於設備和生產規模。此外，蒸餾作業並非全年無休，會在氣溫較高的夏季八至九月間暫時休停。「秩父」通常使用來自英國或德國專業麥芽廠所製造的無泥煤麥芽，但是會在每年休停期前的一個月，使用產自蘇格蘭的重泥煤麥芽。

製酒的水源主要來自荒川水系源流附近的大血川，屬於富含礦物質但較少金屬離子的軟水。沸騰後，即可成為釀造用水源。不銹鋼糖化槽一次可以讓 400 公斤的麥芽成為 2,000 公升的麥汁。碎麥芽在糖化槽加入熱水後，將會成為糖度 14 度的麥汁。加入的水溫分別是第一次的攝氏 64 度，第二次 76 度，最後則為 96 度，但最後的 96 度是為了除去所有殘糖，因此不會用來發酵，而是成為隔日第一批的糖化用水。經糖化的麥汁接著會進入發酵槽開始發酵，本廠只使用木製發酵槽，一座容量約為 3,100 公升。使用的木槽材質也並非一般的花旗松或奧勒岡松，而是日本特有的水楢木。近年來，威士忌愛好者愈漸熟悉的水楢木，一般都是做為熟成木桶，放眼全世界都很少有人將這種珍貴的木材拿來做為發酵槽。儘管附著於水楢木上的乳酸菌種類，或許會不同於花旗松等木材，但是實際細節是否真是如此，可能需要曠日廢時的研究。總之，由於發酵過程會產生二氧化碳，因此發酵槽每次只能投入約總容量 65％的 2,000 公升麥汁。用「威士忌酵母」發酵至約酒精濃度 7％，並且在七十至九十小時後準備進入蒸餾器。發酵時間愈長，愈容易生成富含果味的酒汁。接著至罐式蒸餾器進行兩次蒸餾，使用的罐式蒸餾器也是蘇格蘭製，一次和二次蒸餾的容量均為 2,000 公升。

罐式蒸餾器的形狀為寬頸，不過儘管容量相同，二次蒸餾器的高度卻略高於一次蒸餾。此外，在蘇格蘭法定最小容量為2,000公升，再低就不合乎規定，而「秩父」所用的恰好就是最小尺寸。目前蘇格蘭南高地的艾德多爾蒸餾廠（Edradour）用的就是同樣容量的蒸餾器，該廠規模也恰好和「秩父」幾乎相同。這種蒸餾器靠內部螺旋狀的蒸氣線圈間接加熱，冷卻則使用管線冷凝器。並不刻意追求復古，而採取相當切合實際的選擇。完成蒸餾後，只採取中段的酒心作為新酒，最終在酒精濃度約70％的狀態完成蒸餾。而當初投入糖化槽的400公斤麥芽，最終只換來約200公升的烈酒。

秩父的風土

完成的酒精濃度70％烈酒，會再加水調整至約為63.5％後進入桶陳。除了使用波本與雪莉桶，還有蘭姆或葡萄酒桶等，能充分展現特色的舊桶到水楢木等各種選擇，木桶的形狀和容量也相當多元，這些原酒會在夏季高溫多濕、冬季低溫乾燥的秩父風土下緩慢熟成。這些酒終將變成何種樣貌，如今答案還屬未知，因為「秩父」的歷史尚淺。目前所有作法也可視為「秩父」確立自身風格的種種嘗試。目前的酒倉共有四棟，每棟都以堆疊式儲有一千五百桶酒。此外，希望能充分展現秩父風土的酒廠代表人肥土伊知郎，也希

望實驗當地大麥，而讓全體工作人員藉由地板發芽的方式，以10～15噸的規模實驗麥芽製造和蒸餾。最終，更在自家製造的木桶進行原酒熟成，這款夢幻的純國產「秩父製造」（Made In Chichibu）生產計畫，如今已經進展到藍圖階段。

廠內這對蘇格蘭 Forsyths 製寬頸小型罐式蒸餾器，由於林恩臂向下的角度能產出力
道強勁的酒液，從銅體閃閃的光輝不難看出酒廠如何細心照料。

廠內共有八座木製發酵槽，添加酵母後會花上約七十至九十小時讓麥汁轉化成酒精濃度約 7％的酒液。廠內設備安排如照片所示，可以一覽後方所有蒸餾器。

2,400 公升的糖化槽在產能最大化的情況下，可以糖化 2,000 公升。歷經第一次攝氏 64 度的水溫後，再進入第二次攝氏 76 度過濾，第三次終於達到 96 度，才完成麥汁糖化。

儘管規模不大，但初創威士忌公司卻擁有自家裝瓶設備，可以在廠內進行裝瓶、貼標、封印、裝箱等一連串作業。

完成的酒精濃度 70％烈酒，會加水調整至 63.5％，再入桶熟成。2016 年的產量約十萬瓶，其中約有三分之一的產酒出口到海外市場。

Ichiro's Malt "CARD"
Finished in Pedro Ximenez Sherry Butt
Japanese Single Malt Whisky
Distilled 1990, Bottled 2008
Bottle # 170 / 576
52.4 %vol

Distilled 1991 | Bottled

Ichiro's Malt "CARI
Japanese Single Malt W
Cask # 378
1st Cask : Hogshead
2nd Cask : Red Oak Heads

撲克牌「Card」系列酒款，包括兩種鬼牌，共有五十四款。成套的酒款曾在國外拍賣會創下驚人價格。

不只是日本精釀蒸餾廠的旗手，
更是旗艦

初創威士忌社長
肥土伊知郎

掀起日本威士忌界新風潮，精釀
蒸餾廠業界的旗手，也是化不可
能為可能的實踐者。

編輯部：想請教肥土社長的經歷？

肥土：由於我來自早在江戶時代就開始做酒的製酒家族，所以大學在東京農大念釀造科系。初創威士忌公司則是在 1941 年開始扎根羽生，除了清酒之外也生產葡萄酒、燒酎與烈酒等，之後在 1946 年取得威士忌生產執照後就開始生產威士忌。爾後也導入銅製罐式蒸餾器，並且在 1980 年代，開始從麥芽著手釀造威士忌的工程。我自己則是在畢業後先進入三得利工作，很幸運地能從事自己有興趣的工作。我原本希望能在山崎蒸餾廠工作，但因為當時三得利公司規定必須研究所畢業才能加入技術性的職務，因此一開始是分發到企劃部工作。但由於我覺得如果少了實際販售經驗恐怕做不好企劃工作，便要求轉調業務。果然因此學到很多，雖然逐漸感到愈來愈有幹勁，但畢竟還是對「做酒」懷有熱情，不禁自問是否應該繼續這樣下去。就在此

時，父親跟我說「公司業績不太理想，你要不要回來幫忙？」當時剛好是我父親六十九歲，而我二十九歲。

編輯部：當時您父親有生產威士忌嗎？

肥土：由於 1980 年代末的威士忌需求已經過了巔峰期，因此當時沒有繼續生產新威士忌，但我們當然還有庫存。不過，當時我喝到羽生蒸餾廠的原酒，會覺得它個性很獨特、很有趣。我以關東為中心跑遍了各家酒吧，然後拜託在南青山擔任酒保的村澤先生，請他幫我們辦品酒會，他也說了「這很有意思。」我還記得當時為了研究威士忌，曾經在很多酒吧嘗過許多稀有酒款，當時就很驚訝「同樣的材料、同樣的作法，為什麼可以做出這麼多迥異的風味。」

編輯部：當時您很少喝其他廠的威士忌嗎？

肥土：因為畢竟是在三得利工作，所以喝的幾乎都是自家公司酒款。可以說我真正理解威士忌的美味，確實是回家幫忙之後的事。之後，我就開始跑各種各樣的酒吧，也承蒙他們介紹更多酒吧給我認識。因此，儘管威士忌的消費量正在下降，但是單一麥芽威士忌的世界卻似乎沒有這種狀況。我在酒吧裡就觀察到各式各樣相當享受威士忌的人。我也因此發覺，就算公司規模很小，但只要做出結結實實具有獨特性格的酒，就應該能找到喜愛這些產品的客群。只不過因為當時家裡的公司，主要是生產在量販店販售的紙盒裝清酒、寶特瓶裝燒酎等平價且大量銷售的產品，因此在一家家酒吧慢慢尋找通路的方式，比較難在短期做出成果。

編輯部：不知道當時公司內部是怎麼看您？

肥土：當然有人認為就是「這個跑回來的笨兒子，白天不去跑業務怎麼行」。在當時還很難將心力投注在威士忌事業，因為公司實際營運狀況相當不理想，加上為了預防未來的杜氏人力不足，才剛將大筆資金投入先進的釀製清酒電腦設備。而那時清酒的需求也和威士忌一樣大幅走低，因此不得不做出割捨。

當時的買主雖然對能快速回收資金的產品也有興趣，但是威士忌卻需要時間熟成，又占空間，而且最主要的是銷售不佳，因此才決定如果沒人接手，

就乾脆把設備清掉、原酒也不要了。雖然新買主當時希望我能繼續留在公司做下去，但是因為我喜歡威士忌，真的很難放棄那些原酒，更別說其中還包括二十年的陳年原酒。這才想說乾脆「做一些能把原酒推到市場的工作。」由於當時我也還沒有釀造威士忌的執照，無法承接那些原酒，所以必須先找到一家有執照的酒廠接下這些酒。但當時幾乎每家酒廠都正打算減少自家的原酒庫存，每家都跟我說「實在沒辦法接手別人家的原酒」。我突然想到過去曾經在研討會碰到位於郡山的笹之川酒造的山口社長，當時聊得很愉快，於是我拜訪了社長，他很熱心地聽了我的話之後，跟我說：「要放棄那些熟成原酒實在是業界的損失」，便很爽快地答應讓我用他們空下來的酒倉。多虧了他的幫忙，我們才能將原酒保存下來。由於受限於儲酒木桶的種類，我們只能盡可能地善用手邊的資源，盡量讓酒能進行富有變化的二次熟成。

之後，大約在我們終於完成第一號威士忌時，埼玉創業支援中心給了我們許多幫助，登上了當地新聞版面，也才因此引起了許多迴響。

編輯部： 威士忌釀造許可，從申請到正式取得花了多少時間？

肥土： 我們是在 2004 年 9 月公司設立後，先尋找蒸餾廠地點，接著準備各種申請執照的書面文件與設備，同時還要準備之後可能會追加要求的各種資料，其實過程相當不容易。而且，我們當時還是時隔三十五年的第一起申請新設蒸餾廠的案件，因此稅務局相關承辦人員應該也相當不容易。從申請到取得花了將近一年多，如果連先前的準備作業時間也算在內，應該花了約兩年。

編輯部： 當時又是如何處理設立和周轉的資金呢？

肥土： 完全沒有，只有從親戚湊來的 1,000 萬日圓當作創始資金。當時我幾乎每晚都在日本各地酒吧出沒，帶著自己準備的酒款讓大家試飲，還記得一年三百六十五天，每天都跑好幾家酒吧，兩年內跑了將近兩千家。喝掉的威士忌數量，應該有六千杯吧。雖然有想到過「如果錢燒完了就一定要撤退了」，但是在每家試飲的酒吧裡，我都會描繪自己的夢想是「想要做自己的蒸餾廠」。終於在 2005

年，我們能用 13,500 日圓的價格，推出第一批六百瓶的「單一年份」（Single Vintage），同年 10月推出了「Card」系列。因為最初酒廠完全沒有名氣，所以很難賣到專賣店，但如果能讓酒吧的酒保認同，就能透過他們的介紹進入酒款內容很豐富的專賣店。例如，我如果能進到目白的田中屋，就能讓其他酒吧的酒保也注意到。透過不斷重複這種過程，開始和很多很棒的專賣店產生連結。

編輯部： 六百瓶的「單一年份」和之後的「Card」系列很快就賣出去了嗎？

肥土： 沒有，大約花了兩年才賣出去。一開始共有四種，每種一百二十瓶，價格約在 7,000 ～ 10,000日圓。但是，一旦進入酒吧，就很容易碰到客人主動和酒保詢問：「請問那個撲克牌的酒是什麼？」

編輯部： 因為酒標的設計真的很特出。

肥土： 其實也是我偶然在酒吧遇到的設計師聊起酒標設計，當時提到因為總共有四種，他也才建議「既然有四種，那不妨就用撲克牌」。而且當初本來只打算賣完就沒有了，所以才會在一開始的設計就下了重手，後來因為設計很容易讓人注意，評價也相當好，所以才決定推出一系列。

接著又因為「King of Diamonds」獲得了英國威士忌雜誌比賽的第一名，才讓威士忌愛好者開始詢問「那個 Ichiro's Malt 是什麼？」，慢慢成為討論的

話題。整個系列包含兩種鬼牌在內，共有五十四種，花了九年才完成。

編輯部：之後在進展還有遇到什麼困難嗎？

肥土：如同先前提到的，由於到 2007 年為止，日本的威士忌市場都在衰退，因此不管是籌措資金或尋找土地都不容易，不過，雖然低價位的威士忌需求在衰退，但是單一麥芽或比較頂級的威士忌倒是都有成長，在酒吧也能看到對威士忌不同風味很感興趣的客群，不論在性別或年齡層範圍都很廣。另外，海外市場也都有成長。

編輯部：貴公司一開始就有將海外市場納入考量嗎？

肥土：是的，我們的「Card」系列就有外銷。

編輯部：威士忌銷往海外，有什麼特別的難處嗎？

肥土：我們的外銷契機其實很偶然，甚至可說是奇遇。剛好有一次我在格拉斯哥機場，等著轉機到艾雷島，居然巧遇了曾任《威士忌雜誌》編輯的 Marcin Miller，他說自己創立了新公司，想進口代理我們的威士忌。從那時起，只要時間允許，所有海外活動我都會參加，我希望能用自己的話來介紹與販賣自家酒款。

編輯部：為了這些活動，通常一年會前往海外幾次呢？

肥土：以前一年大約會有五次左右，但是最近次數真是變得有點多，所以開始有點吃不消了。另外，我也認為如果因為賣得好就大量推出，其實某種程度會影響到未來的樂趣。我認為，如果能喝到自家的三十年酒款，應該就能覺得這輩子沒有遺憾了。如果當時我們能在創業時便製作更多原酒當然更好，但是當時的確受限於現實條件，沒有足夠的資金和人材可以做那樣的準備。

編輯部：所以現在必須盡可能地增加產量吧？

肥土：因為威士忌必須熟成，所以就算突然投資設備，也不是馬上就可以增加產量。所以我想以每年兩成的速度增產，應該比較合適。

編輯部：要能以每年兩成的速度成長，以企業來說應該也很罕見吧？

肥土：由於現在現場工作人員已經不需要我的指示就能運作得很好，所以從去年起，我們也開始在自

家酒廠發麥芽，加上本來就希望能自己生產木桶。碰巧從木桶廠學到了製桶方法，再加上木桶廠的齊藤社長也因為高齡而想要關廠。一切水到渠成地，我們便買下了他們整套製桶設備，齊藤社長也會定期來廠內指導。現在的公司同仁儘管精度方面可能還有待加強，但是已經具備自己製造水楢熟成桶的技術。再者，我們的同仁都是因為喜歡威士忌才來的，所以不管是發麥芽還是製桶，大家都抱著「好像好有趣，那來做吧」的想法。另外，我們也委託埼玉當地的農家生產大麥，加上埼玉的飯能市也能採到泥煤，所以未來也希望能用當地的泥煤。

編輯部：這麼一來，就算價格高一點也很值得。

肥土：比方說，我們的生產規模就非常有限，由於威士忌本身無法立即增產，因此最近衍生的價格高漲現象確實是個問題。就算我們的產量逐漸增加，但由於威士忌的整體需求也在增加，所以我認為思考如何讓威士忌的供給和需求能更達到均衡，還是很重要的。

編輯部：調和的工作也全部由您擔任嗎？

肥土：沒有，我有在教年輕人做。但是重點其實是到底能品飲多少熟成原酒。因為透過試酒才能掌握不同的木桶種類和熟成期間的差異。

編輯部：可以請教您貴社今後的目標和展望。

肥土：做出具有秩父特色的單一麥芽，仍是我們一直努力的目標。我認為我們目前或許尚未做到這一點，但是也有可能今天試起來很普通的桶，或許幾年後就會變成非常棒的味道。我自己也是最近才開始理解這些關於威士忌釀造的理念。

編輯部：最早生產的酒已經變成產品開始販賣了嗎？

肥土：有些確實已經成為產品開始販賣，不過由於 2018 年酒廠才終於有了十年原酒，所以希望能夠在不久的將來持續推出二十年、甚至是三十年的酒款。這也是我同時身為經營者和愛好者之間的慾望大戰，至少目前是愛好者稍占上風，所以應該沒有問題。當然，從威士忌生產者的角度而言，我也認為生產者應該要能確保持續推出大量的長期熟成原酒，這是一種態度。另外，我不知道這是不是真的，不過聽說秩父有很多水楢木的群生林，只不過

長得歪歪的。雖然一般非生長得筆直的水楢木沒辦法做成木桶，但我們正在實驗將不筆直的木材，切割做成不易漏的木桶，這些製桶相關工程也仍處於嘗試和修正的試誤階段。

編輯部： 那是說未來初創威士忌公司有可能使用秩父產的大麥、來自埼玉的泥煤，然後在自家酒廠從發麥芽、糖化、發酵、蒸餾，最後再用產自秩父的水楢桶陳年，如此做出百分之百「日本製造」的威士忌。如果日本的威士忌釀造能像這樣以全球為目標的話，就真的能做出自己喜歡的威士忌了呢。

肥土： 畢竟我們不需要和大廠們在同一個戰場分出高下。

編輯部： 除了自家酒款之外，您還有喜歡那些酒廠的威士忌嗎？

肥土： 早期的話，比較讓我驚訝的是艾德多爾蒸餾廠強烈的性格，1966 年波摩（Bowmore）的果味也非常驚人。讓我感到木桶材質很有趣的是格蘭傑的「完美木桶」（Artisan Cask）系列，這真的相當驚人，只能說不同的木桶，竟能讓風味產生如此大的變化。當然還有很多很好喝的威士忌，但這幾款應該是最讓我驚訝的酒款。蘇格蘭威士忌也有很多不同風格，我也很喜歡。

編輯部： 我也會盡量活久一點，希望有機會在未來喝到貴公司的二十年，甚至三十年的酒款。非常感謝您撥冗接受訪問。

秩父蒸餾廠登山小屋風格的會客室。其中不只陳設用過的舊木桶，還展示了創業當初便推出的各種酒款，不過很可惜的是，現場並沒有進行販售。

奢侈的幸福

ICHIRO'S MALT MWR
秩父麥芽水楢桶（金葉）

200ml 46%

酒款印象

首先要向 200 毫升僅 5,980 日圓的售價致敬，如果換算成 700 毫升，恐怕至少也要賣到 14,950 日圓。撇開價格不談，這款裝在細長瓶型的威士忌，一注入杯中，就能感受到類似熟成葡萄酒的豐富香氣，以及撲鼻的優質麥芽感。不只芳醇的香氣極為誘人，連入口都絲毫沒有壓力，這款威士忌在口中展現的更是很難只用「苦味」、「酸度」、「甜味」等單純的形容詞描述，這樣的複雜風味也是它最大的特徵。能讓人直接感到「真是好喝」。不僅如此，就連透過風味表現的奢華感受，甚至是滿足和幸福感，都大幅超越了同廠也是「秩父麥芽」系列的「雙蒸餾廠」（Double Distilleries），讓人忍不住一杯接一杯卻不生膩。就連往往會不斷換口味的我，都唯獨對這瓶很忠誠。雖然 200 毫升的容量對我來說有點少，卻帶來了幸福的微醺時光，十分感謝。就讓我用這款完成度極高的威士忌，為今晚的品嘗畫上句點，今天應該會是睡得香甜的久違夜晚。

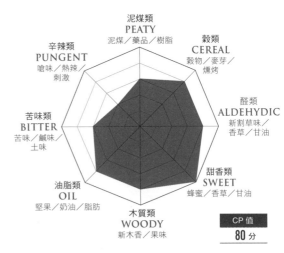

親
子
兩
代
的
饗
宴

ICHIRO'S MALT DOUBLE DISTILLERIES
秩父麥芽雙蒸餾廠（綠葉）

700ml 46%

酒款印象

　　如酒標所示，這款威士忌調配了 2008 年創業之初秩父蒸餾廠的原酒，以及在 2000 年完成最後蒸餾的羽生蒸餾廠原酒。如前文所述，這也是由創業者肥土伊知郎家族的兩代人共同完成的威士忌。注入古典杯後，香氣呈現成熟葡萄酒般的香氣，以及源自優質麥芽的椴花蜜甜香。些許酒液在舌上轉動時，則能感受到身為飲者的滿足和感動。是一款能讓人「啊，原來日本威士忌也已經到達這種境界」的酒款。這些秩父的樹葉酒標系列，因為產量稀少加上很受歡迎，因此已經成為市面上難以得見的珍稀酒款。連我這次也是在特別標示「一位僅限兩瓶」的店家買到。這款綠色樹葉 700 毫升的價格只需 6,480 日圓，相較於金色樹葉的「水楢桶」200 毫升就要價 5,980 日圓，可以說是相當划算，不知各位感覺如何了。

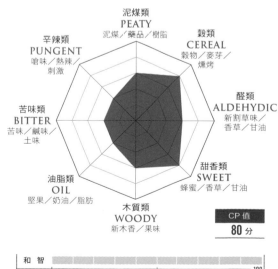

水楢熟成的豐潤

ICHIRO'S MALT CHICHIBU ON THE WAY
秩父麥芽在路上

700ml 58%

酒款印象

2008 年 12 月開始蒸餾的秩父蒸餾廠，終於在這款酒達成百分之百使用自廠原酒裝瓶的宿願。使用了 2009 ～ 2012 年所產的自家原酒，這款酒廠第七款單一麥芽的「在路上」未經過濾、無調色，產量九千九百瓶，儘管以秩父蒸餾廠來說已經算多，但由於已經完全沒有庫存，因此目前在網路上雖然還可能找得到，但價格已飆升到約 30,000 日圓左右，當初的出廠價只有 7,884 日圓。部分酒吧目前還喝得到，約為一份 2,000 日圓。這款酒使用的原料麥芽，已經是由該廠員工親自地板發芽製造出的貴重材料。

酒色透著光呈淡金黃色，帶著或許來自水楢桶的怡人木香，接著上揚的是充分成熟的葡萄、柑橘類、石榴、香草與蜂蜜等，口感雖然仍有些許不夠成熟的刺激，但仍有以酵母、蜂蜜與水果等為主體的壓倒性複雜風味，果然是帶來複雜豐富的濃厚酒款。即便我將這款酒與蘇格蘭調和威士忌「起瓦士水楢桶」（Chivas Regal Mizunara）一起比較，「在路上」也以至今未有的各種豐富香氣表現，在口中顯得更立體。加水後，更突顯蜂蜜和香草的甜香。這是一款讓人感覺「生在日本真好」的威士忌，後味仍能感受到適度的酸、苦、柔和甘甜，令人難忘。

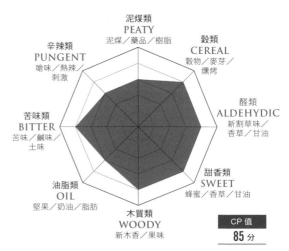

262

Asta Morris 的海歸子女

ICHIRO'S MALT ASTA MORRIS
秩父麥芽 Asta Morris

700ml 52.3%

酒款印象

　　比利時裝瓶廠 Asta Morris 老闆對「秩父麥芽」的優雅纖細風味深深著迷，因此應其邀請而推出的五年酒款。Asta Morris 裝瓶廠在日本琴酒和蘇格蘭威士忌等長期熟成酒款間，相當知名。這款於 2010 年蒸餾的酒，在全新豬頭桶中熟成，並於 2016 年裝瓶。酒標特別連結了讓歐洲人聯想到日本的國旗圖樣，這也是日本人很難有的發想。酒標右下角微微露出的裝瓶廠的青蛙商標，也讓人莞爾。由於使用的酒瓶也和秩父蒸餾廠慣用的酒瓶相同，因此應該是在秩父蒸餾廠完成裝瓶。

　　香氣首先以揮發性的果味、甜味與酯類風味為主，口感雖然也以甜味為主，但還有極具特色的醬油煎餅、八角、草藥與柑橘風味的微妙鹹味，並且在感覺苦味、酸味的同時，還有蜂蜜、巧克力及焦糖等甜味充斥整個鼻腔、口腔和喉腔。裝瓶數只有三百八十瓶，據說日本上市數量為三百七十八瓶，但是幾乎已經盡數完銷。或許現在還有可能在酒吧以一份 3,000 日圓左右的價格喝到。屬於低刺激、甜味為主的優雅和風口感外，還有複雜內涵的風味，入門者或行家都很喜歡。既具廣度，又備深度，想要理解「秩父麥芽」風味全貌的人應能有非常珍貴的體驗。

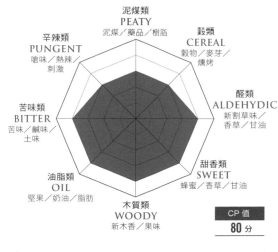

NUKADA DISTILLERY

木內酒造額田蒸餾廠

地　址	〒 311-0107 茨城縣那珂市額田南鄉 2182

TEL：029-298-0105
http://kodawari.cc/

交通方式	【電車】JR 常磐線「上菅谷站」轉搭計程車，約五分鐘。 【開車】從水戶走國道三四九號線，往常陸太田方向在「杉」十字路口右轉，直行約 1 公里後，酒廠即在左手邊。從常陸太田走國道三四九號線往水戶方向，在「額田西」十字路口左轉，接著在下一個十字路口右轉，在「額田坂下」十字路口往右前方前行，酒廠即位於約 300 公尺處右側。
營業時間	—
參觀方式	須預約。

純茨城產威士忌

　　木內酒造的額田蒸餾廠自 2016 年 2 月啟動，儘管日本國內近年增加了許多微型蒸餾廠，但該廠廣為媒體報導，因此想必許多愛好者早已耳聞，就算沒聽過，一旦看到上方照片中的貓頭鷹商標和「常陸野 NEST 啤酒」字樣，應該就知道了。營運此蒸餾廠的是木內酒造合資公司，其在江戶時代後期約 1823 年，就於農業興盛的常陸國（今天的茨城縣）創建，如今已有近兩百年歷史。直至今日，該公司仍是持續扎根當地的堅實生產者，於 1994 年酒稅法變更後的隔年開始生產啤酒。並自 1996 年生產販售大廠尚未涉足的精釀啤酒。秉持廠方一貫傳統製造的啤酒，很快便在市場廣受歡迎，不只在國內市場風行，優異的品質也在海外許多競賽受到肯定。現在的產品線依麥芽、啤酒花、酵母與製法等差異，共有十五種以上的產品，在全球五十國都廣受歡迎。而蒸餾廠也就設在啤酒製造據點的茨城額田釀造所。

用來過濾糖化麥汁的過濾槽，該公司製作啤酒用的也是不銹鋼巨大酒槽。

　　據說，本廠早在 2008 年威士忌熱潮尚未興起之際，就有生產威士忌的構想。社長木內敏之在 1960 年代曾成功將當時已消失的日本第一批啤酒用「金色小麥」（Golden）為原料，透過再生計畫催生了「Nipponia」啤酒。但由於這種珍貴原料其實含有少數不適合釀造啤酒的部分，為了將這些無法使用的原料充分利用，才有了拿來蒸餾的想法。數年後，廠方就以自家設計的稀有混和蒸餾器開始運作。

　　如今的設備規模屬於較小的實驗型，

2016 年的威士忌分別在波本桶、雪莉桶，以及部分使用櫻花木的木桶熟成。據製造部員工黑羽表示，目標是做出「具有木內特色、只有木內能生產的純茨城威士忌」。

額田蒸餾廠獨家開發的混和蒸餾器，是在罐式蒸餾器之上增設柱式蒸餾器，這項由木內社長親自參與設計的計畫，委託中國的設備製造商訂做。美國芝加哥的微型蒸餾廠科沃（Koval）也使用類似的混和蒸餾器。

用來儲藏發酵完酒汁的三座儲酒槽和熱交換槽，如同蒸餾器一樣也是特別訂做。

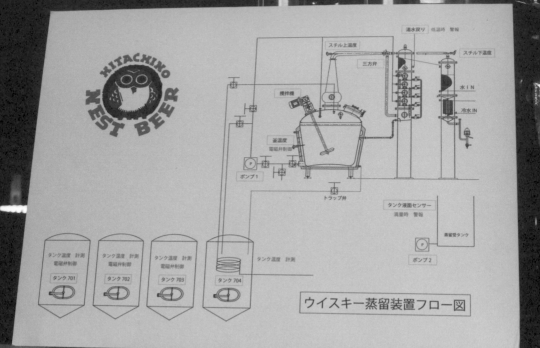

混和蒸餾器操作版上的蒸餾裝置示意圖。

混和蒸餾器操作版上，
可以看到各種數值和操
控鈕。

廠內除了蒸餾設備外，還能看到
熟成原酒的木桶。印有「常陸野
貓頭鷹」（Hitachino）商標的
是橡木桶。

用來熟成原酒的木桶，除了各種橡木桶外，也有紅酒桶、
雪莉桶、櫻花木桶、全新酒桶與波本桶等。

AKKESHI DISTILLERY

堅展實業株式會社厚岸蒸餾廠

地 址	〒 088-1124 北海道厚岸郡厚岸町宮園 4 丁目 109-2	http://akkeshi-distillery.com/
交通方式	【開車】自釧路機場經根釧國道，約一小時。	
營業時間	—	
參觀方式	—	

向艾雷島致敬

在北海道的厚岸設立的厚岸蒸餾廠，由進出口酒類飲料和食品的東京商社堅展實業株式會社創建，在 2016 年 10 月取得蒸餾執照，隔月就開始製酒，相較於日本國內其他新設微型蒸餾廠多半有製酒公司背景，厚岸蒸餾廠則為少數有商社背景的異數。儘管如此，由於該公司原本就有從國內蒸餾廠買入威士忌原酒再輸往海外的經驗，因此相關通路方面，遠比單純的製

造端更具專業優勢。有鑑於目前日本國內原酒不足，加上可預見今後麥芽威士忌需求的增加，因此考慮創設自家蒸餾廠也就再自然不過。除去以上相關商業背景，其實背後真正吸引我輩威士忌愛好者的是公司代表樋田惠一對威士忌的熱愛。樋田長年以來一直是艾雷島威士忌迷，因此算是一圓長年以來「總有一天要做出如同艾雷島的威士忌」的夢想。

因此，他不只選定和艾雷島風土接近的北海道厚岸，也準備承襲傳統蘇格蘭威

矗立在澄靜天空下的蒸餾廠和辦公室，從地上的殘雪不難想像寒冬時期當地環境相當嚴峻，此外，鄰近的海洋和濕原也讓蒸餾廠常有大霧瀰漫。

士忌製法。除了磨碎機之外，所有蒸餾相關設備也都是從蘇格蘭的 Forsyths 公司進口與裝設。麥芽也以艾雷島為基礎標準選用，踏出了實現夢想的第一步。

蒸餾廠 2016 年 11 月 11 日展開第一次新酒蒸餾，以未經泥煤處理的麥芽製成，目前已在水楢桶進行陳年，由於蒸餾廠所在的環境多霧潮濕，經年氣候涼爽，因此得以緩慢熟成。根據廠方的資料，爾後以重泥煤麥芽製成的原酒也將如預期帶有濃厚的泥煤風味。由於廠方事前曾研究

過附近的地層擁有泥煤，因此今後除了計畫將厚岸的泥煤進行地板發芽之外，也可能嘗試種植大麥，試圖完成「完全厚岸產」的終極目標。

宏大計畫須以長遠的眼光規畫，所幸厚岸周圍環境屬於全球濕地的拉姆薩公約保護範圍，未來如果蒸餾廠整頓得宜，肯定不只能嘗到艾雷風威士忌，一定能等到「厚岸威士忌」誕生的一天。衷心期待參訪蒸餾廠的日子早點到來，一邊試飲厚岸威士忌，一邊搭配當地風味濃厚牡蠣。

蒸餾廠的夜晚，從廠房的玻璃窗外可以窺見內部來自 Forsyths 公司的蒸餾器綻放出
的銅褐色光芒。

左邊是容量 **3,600** 公升的洋蔥型烈酒蒸餾器，右邊則是容量 **5,000** 公升的寬頸酒汁蒸餾器。中央走道盡頭的烈酒保險箱上方，設了一座日式神龕。

容量 1 噸的半旋式糖化槽，一樣是蘇格蘭 Forsyths
公司的產品。

從國外麥芽廠進口的麥芽。蒸餾廠一開始為了熟悉
器械採用無泥煤的麥芽，如今也開始使用重泥煤的
麥芽製酒。

被濃厚雲層覆蓋的酒倉，隨著蒸餾廠的營運逐漸步上軌道，正在倉內熟成的原酒數量應該也會日漸增加。

除了裝有初次蒸餾的水楢新桶之外，蒸餾廠未來也計畫使用其他類型的木桶進行熟成，其中甚至包含一些來自秩父或江井之嶋蒸餾廠的實驗性木桶。

GAIAFLOW SHIZUOKA DISTILLERY
Gaiaflow 靜岡蒸餾廠

地　址	〒 421-2223 靜岡縣靜岡市葵區落合 555 番地	TEL：054-292-2555
交通方式	【開車】自 JR 靜岡站走國道二十七號延安倍川北上，約四十分鐘。	http://www.gaiaflow.co.jp/
營業時間	平日 13：30 ～ 16：00。	
參觀方式	需時約 2 小時（須預約）。20 歲以下免費參觀，20 歲以上費用 1080 日圓。	

混和式加熱

　　近年，以產量極低為特色的所謂「精釀威士忌」微型蒸餾廠，在全球蔚為風尚，單是在美國近幾年就有約六至七百家的新成立微型蒸餾廠，英國也有三至四十家類似新生產者，就連愛爾蘭都有三十家以上的新成立微型蒸餾廠。在全球威士忌熱潮中誕生的「靜岡蒸餾廠」，也是在 2016 年 12 月才有第一批原酒入桶熟成的精釀威士忌微型蒸餾廠。但靜岡卻算是規模相當大的微型蒸餾廠。租借市地的蒸餾廠面積高達 2,000 平方公尺，位於靜岡市北方約 25 公里，已屬於南部高山範圍，並且恰好位於安倍川支流的中河內川河畔。

　　全新的蒸餾廠除了裝設各式蒸餾設備，還設有品酒空間，儘管剛建好的品酒空間空蕩蕩地似乎有點不協調，但隱約可見蒸餾廠擁有者中村大航，其實內心擁有一份遠大周詳的事業計畫。成立於 2012 年的 Gaiaflow 株式會社，本身是一家與酒類完全無關的再生能源公司，老闆中村過去也只是單純的威士忌愛好者，沒想到成立公司的想法就在某年的歐洲旅遊種下。由於他身為威士忌愛好者，因此歐洲之旅也走訪了威士忌的故鄉蘇格蘭，結果在造訪艾雷島農莊蒸餾廠齊侯門（Kilchoman）時，產生了強烈的靈感。他在規模和艾德多爾蒸餾廠一樣小的齊侯門蒸餾廠，看到微型蒸餾廠也能透過特有的手工打造感成為新興蒸餾廠，這不只讓他對微型蒸餾廠的規模和氣氛留下深刻印象，更觸發了心中「釀造威士忌的夢想」，更隨即付諸實行。

　　同年，他的第一步是先進口、販售過去日本市場沒有的蒸餾酒，希望先以進口商的身分取得優秀成績再華麗登場。接著在 2013 年成為裝瓶廠黑蛇（Blackadder）的日本總代理，此外還取得比利時裝瓶廠 Asta Morris、荷蘭單一麥芽贊德（Zuidam）、印度單一麥芽雅沐特（Amrut）等威士忌的代理權，隨著產品逐漸增加且業務逐漸穩定，他在翌年 2014 年成立了 Gaiaflow，實現建立蒸餾廠的夢想。

　　結合了大地與地球之意的「Gaia」和流動意含的「Flow」，試圖表現威士忌也是大地的產物。蒸餾廠的建造更和地方共存共榮。最終，這項蒸餾廠的建設計畫，還因為能振興地方發展而吸引靜岡市政府協助確保建築用地。因此，未來造訪蒸餾廠的訪客都能成為當地發展的重要環節，在廠內設置品酒空間，也就理所當然了。

　　由於蒸餾器早在廠房開始建設前，便在 2014 年向蘇格蘭的 Forsyths 公司訂

由三宅製作打造的最新糖化槽。為了達到控溫的效果，槽外還覆有整片不銹鋼材。約以 1 噸的碎麥芽進行糖化，先是注入 4,000 公升的水，接著再混和 2,000 公升的水，混和製成麥汁。

由工匠精心製作的四座花旗松發酵槽和一座杉木製發酵槽，每座容量約 8,000 公升，連槽蓋都是以靜岡產的杉木製成，同時還預留了未來可能增設的發酵槽空間（共七座）。除泡刀則是回收自輕井澤蒸餾廠。

製，2015 年又有機會參加當時「輕井澤蒸餾廠」的設備拍賣，這些設備便在 2015 年陸續移到完工的蒸餾廠內，待獲發蒸餾許可後就開始製酒。

蘇格蘭製碎麥芽機以及能除去麥芽中小石或雜質的機器，都來自輕井澤蒸餾廠，而同樣來自輕井澤蒸餾廠的四座燈籠型罐式蒸餾器，卻因為經年耗損而無法繼續使用。廠方出於無奈，最終只能將四座蒸餾器重新整修為一座可同時進行一次和二次蒸餾的蒸餾器。因此，2016 年 12 月啟動的「靜岡蒸餾廠」第一批原酒，就如此產出了第一號木桶。當時甚至連靜岡當地電視新聞都有報導，由此可見地方的殷殷期待。

到了 2017 年 2 月加入一座 Forsyths 蒸餾器，產能很快便全力展開。新蒸餾器主要是容量 6,000 公升的沸騰球型一次蒸

餾器，加熱方式則是很罕見的混和動力式。以燃燒靜岡當地產的杉木廢材直接加熱，並混和以蒸氣加熱的間接加熱。容量 4,000 公升的二次蒸餾器，則是最新型的蒸氣加熱沸騰球型。這兩座分別是 6,000 和 4,000 公升的蒸餾器容量，相較於微型蒸餾廠齊侯門的 3,200 公升一次蒸餾和 2,070 公升的二次蒸餾，儼然已經是超越微型的中等規模蒸餾廠。產製麥汁的最新型糖化槽由三宅製作打造，1 噸的碎麥芽會先加入約 4,000 公升的熱水，並在第二次減為 2,000 公升。發酵方面，雖然目前只使用四座花旗松製和一座杉木製共五座發酵槽，但是廠方已經預留了未來增設發酵槽的空間。連發酵槽蓋都採靜岡產杉木製成，盡所能展現靜岡當地特色。

酒倉目前雖然只有一棟，但是由於酒廠占地廣大，擴建空間相當充裕。儘管現在採用堆疊式熟成，但當地風土溫差較小，原酒未來發展出的個性也令人非常期待。熟成用的木桶則是該公司從美國進口的波本桶，酒倉內也設有桶箍調整器，可以用來調整木桶外側的金屬箍圈。另外，廠方也在 2016 年冬季針對 2017 年下半產出的原酒「私人木桶」（Private Cask）開放預約，據說開放當天就銷售一空。這款威士忌為讓客人將購買的整桶酒寄放在廠內熟成，時間最長可達十年，其間再由客人自己確認風味的變化和熟成狀況，決定何時進行裝瓶。

連儲藏麥芽的穀物儲存槽都是配
合蒸餾廠整體建築等設計。

這座碎麥芽機，也是在輕井澤蒸餾廠的設備拍賣競標而來，
能按需求將麥芽分別輾成從粗到細共三種。

這座能除去麥芽雜質的裝置也來自輕井澤蒸餾廠，經過整
修後的機器如今仍能盡責地除去各種進口和本地麥芽中的
塵垢雜質。

該廠的罐式蒸餾器也有四座來自輕井澤蒸餾廠，但由於一號
和二號機都嚴重受損，因此目前只有三號機在經過整理後持
續使用。在未來一、二次蒸餾都能以 Forsyths 公司的蒸餾
器開始運作之前，都還是要仰賴現有的這座蒸餾器。

該廠的沸騰球型混和加熱式蒸餾器。雖然左邊為容量 6,000 公升的一次蒸餾器，右邊則是容量 4,000 公升的二次蒸餾器，但是如果再加上來自輕澤蒸餾廠的蒸餾器，Forsyths 公司的兩座蒸餾器也可能進行三次蒸餾。左側的林恩臂角度為 90 度，右側約為 80 度，以雲頂蒸餾廠（Springbank）為範本。

該廠的罐式蒸餾器加熱方式，居然是綜合蒸氣和燒柴的混和動力式。這種全球首見的嘗試，是先用蒸氣加熱再以燒柴維持溫度，這種方式通常會選擇使用煤或瓦斯，但由於靜岡附近的山區盛產杉木，因此燃燒廢材也算是善用當地資源。

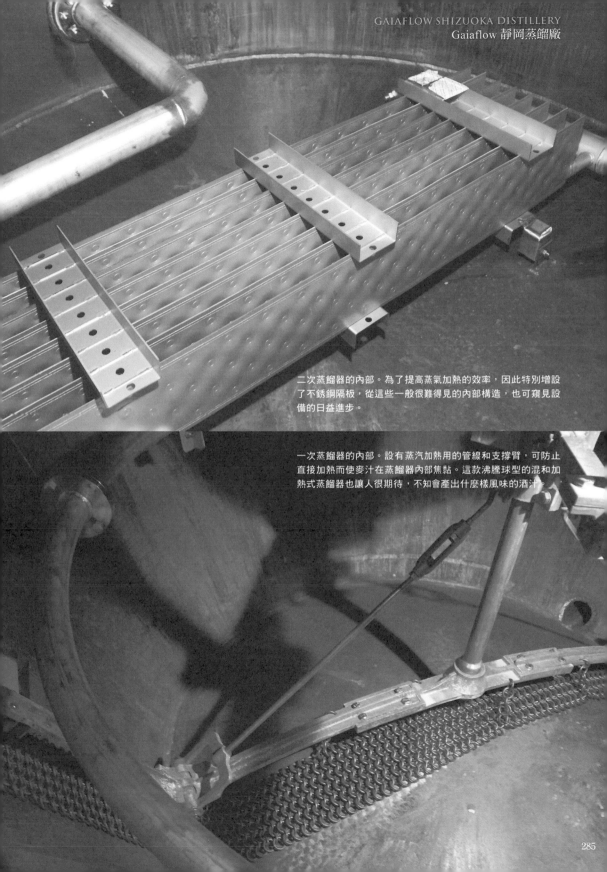

二次蒸餾器的內部。為了提高蒸氣加熱的效率,因此特別增設了不銹鋼隔板,從這些一般很難得見的內部構造,也可窺見設備的日益進步。

一次蒸餾器的內部。設有蒸汽加熱用的管線和支撐臂,可防止直接加熱而使麥汁在蒸餾器內部焦黏。這款沸騰球型的混和加熱式蒸餾器也讓人很期待,不知會產出什麼樣風味的酒汁。

新風潮的預感

靜岡蒸餾廠的夢想實現，

Gaiaflow 社長

中村大航

在故鄉靜岡山間建設全新概念的
蒸餾廠，三座蒸餾器在 2016 年
啟動。

編輯部：請教您是什麼時候開始計畫建設蒸餾廠？

中村：雖然我是威士忌的愛好者，2003 年也曾經在余市蒸餾廠參加過「打造自己的威士忌」講座，但是其實從來沒想過要真的實行。誰知道因為剛好在2012 年 6 月去了一趟一直很嚮往的蘇格蘭，參觀了吉拉與艾雷島的蒸餾廠。特別是在造訪齊侯門蒸餾廠時，很驚訝規模如此小以及地點的偏遠。因此才覺得或許能以這種規模的小設備自己弄間蒸餾廠。

編輯部：何時開始將計畫付諸實現？又是如何解決像人員、場地與資金等等問題呢？

中村：由於在日本從零開始打造精釀蒸餾廠的只有初創威士忌公司的肥土先生。我也曾經在研討會見過肥土先生，所以就直接和他聯繫，請教關於建造蒸餾廠的事。當時他跟我說：「如果能有更多微型蒸餾廠出現，其實能活化整體威士忌業界，我很樂見。所以基本上什麼都可以教你」。至於資金的部分，則是我自己出資。2014 年 6 月剛好找到現在的場地，9 月就碰上了 NHK 晨間連續劇〈阿政〉

開播，使得創設威士忌蒸餾廠的辛苦變得廣為人所知，所以連銀行都跟我說：「如果需要購買設備的資金，完全沒問題」。還記得當時肥土先生原本跟我說：「最辛苦的就是跟銀行借錢」，所以我真的非常幸運。倒是合適的場地，一直在長野和山梨都找不到，因為我自己是靜岡縣清水市人，所以才想乾脆在靜岡尋找適合建廠的地點。沒想到居然真的就在靜岡找到了 20,000 平方公尺的場地，而且還是建在削切山壁而基岩很穩的地點，也不怕地震，更有來自安倍川支流的地下水源。

編輯部：可以告訴我們是怎麼入手輕井澤蒸餾廠的舊有設備嗎？

中村：雖然我早就聽說那些蒸餾器其實已經破洞而無法使用，但還是抱著不要錯過的心態，心想或許還是能找到些堪用之處。然後發現那些英國製的碎麥芽機和除雜質機都還很良好，就標了下來。最終，搬運與重新設置蒸餾器花了不少經費，蒸餾器也只留下堪用的部分，幾乎是整個都重建了。

編輯部：為了實現打造蒸餾廠的夢想，從移來輕井澤蒸餾廠設備，到終於能將第一次蒸餾新酒裝桶熟成，中間的過程很漫長嗎？

中村：對我自己來說是頗漫長的，雖然其實四年感覺一下就過去了。

編輯部：對絕大多數的蒸餾廠而言，生產威士忌大致是家族事業或公司業務，但是對您來說，卻是完全不同領域的全新嘗試。

中村：我父親其實很喜歡威士忌，他以前往往會在出差時購買蘇格蘭威士忌，但在我跟他說決定要開始投入蒸餾廠時，他的反應本來是「應該會很有意思吧」，隔天就又變成了「可能行不通吧」。周圍絕大多數的人也都覺得我一定是哪裡不對勁。

編輯部：必須從準備、蒸餾、熟成、裝瓶，一直到販賣之後才有收入，這真是一項很耗時的產業。

中村：沒錯，因此我才從酒類的進口販賣開始，希望能把「自己做的威士忌到底賣不賣得掉」研究透徹，心想至少要確認這一點。因為如果不確定的話，也無法取得蒸餾廠許可，這才先冷靜地以進口業者的身分打開通路，然後計畫以此通路銷售自家威士忌。比方像現在我們進口的酒款中，就有荷蘭

的琴酒，以及印度和蘇格蘭的威士忌等。

編輯部：所以進口事業方面順利嗎？

中村：雖然現在還是以經銷給酒類專賣店為主，也有小部分透過電子商務直接銷售給酒吧或個人。

編輯部：有計畫酒標的設計嗎？

中村：目前已經確定了公司商標，我們請到了愛丁堡的設計師，希望能用靜岡市鳥的翠鳥和香魚為主題設計。廠名為靜岡蒸餾廠，未來也有計畫推出調和威士忌，不過目前還是先從單一麥芽開始。

編輯部：目前全球威士忌需求大增，使得從蘇格蘭到愛爾蘭，甚至美國、加拿大、日本都大幅地增加，不知道您認為威士忌新興國，如中國與印度，會如何應對？

中村：2016 年 7 月，為了蒸餾器的問題前往蘇格蘭的 Forsyths 公司時，就看到他們正嘗試製作銷往中國的設備。我認為未來市場肯定會出現中國的產品。

編輯部：關於蒸餾廠的設備，既有從輕井澤蒸餾廠的舊有設備重整再利用，也有委託 Forsyths 公司製造的蒸餾器，可以說明一下相關設備如何啟動嗎？

中村：我們全權委託群馬的三宅製作進行。

編輯部：有使用泥煤麥芽的計畫嗎？

中村：一開始我們使用無泥煤，直到 2017 年夏天左右，才開始蒸餾泥煤麥芽，各位應該只要看到我們的蒸餾器形狀，就不難猜想我們希望打造的風味類型。我們的沸騰球型一次蒸餾器的林恩臂角度呈水平，因此希望作出果味豐富的纖細柔滑類型。

編輯部：製酒使用的水源來自何方？

中村：來自中和內川的地下水。

編輯部：您認為什麼才是日本威士忌？

中村：要為所謂「日本威士忌」下定義其實非常困難。因為現在的酒稅法問題很大，照理說應該是百分之百麥芽製作才能叫威士忌，但是法規是只有一成原酒也可稱為威士忌。過去，日本對威士忌也還設有必須經三年熟成的規範，現在這些也都沒有了。

編輯部：現在用百分之百小麥及啤酒花製成的啤酒，和被視為香甜酒的第三類啤酒在課稅比例不同。如果從消費者的偏好和稅收變化來看，將來應該會走向同一種稅制。那麼，威士忌又應該以什麼做為標準才合適呢？

中村：儘管一般大家認為應該修正酒稅法，但是我認為從蒸餾廠自主標示，應該才是原點。雖然也有從國外買進原酒，調配之後以調和威士忌的名義銷售，但是這樣也可以叫做日本威士忌嗎？這個問題可能很難回答。如果將所謂的「日本威士忌」定義成在日本蒸餾，並在國內熟成，不是也很好嗎？但是，也有人認為把在日本製造的原酒，混和進口的穀類原酒而成的調和威士忌，應該也可以算是日本威士忌。所以，或許有必要討論該如何認定於一般進口食品經過國內熟成之後的定位。

編輯部：現下日本的人口已經開始減少，消費量也定將隨之減少，未來勢必更仰賴出口，若是如此，相較於熟成年數與熟成地點有明確規範的蘇格蘭、愛爾蘭、波本與加拿大等各地的產品，相關法規根本不夠完備的日本威士忌，屆時勢必會面臨競爭力不足的問題。儘管頂級酒款因為在海外得獎等優異成績，還是會吸引海外買家的注意力，但是，未來如印度、臺灣與中國等新興產國有了完備的國內相關法規之後，肯定也會投入國際市場一起競爭。

中村：我在一開始創設蒸餾廠時，就以未來至少有一半產量外銷為前提。因此認為日本國內應該要有更明確的威士忌法規。在日本酒和葡萄酒方面，也是最近才終於開始陸續成型。若想外銷，就必須釐清這個問題，否則根本無法銷往海外。我們的想法是要做出即便以全球的標準來看，都絕不會丟臉的產品。

編輯部：雖然有國產與純國產等等不同的說法，但最終畢竟還是必須看看幾乎壟斷市場的主要三家公司到底如何決定吧？

中村：從威士忌釀造的歷史來看，當然過去是因為銷售有起有落，所以也有過因為銷售欠佳而根本無法蒸餾的時代，但是一直以過去為藉口也不是辦法，所以我認為還是應該考量未來，設下該有的規範比較好。如果只是針對輸出的酒款設定限制或許並不理想。所以，我們會從自家的酒款開始，我想就算不是所有蒸餾廠都願意遵守相關規範，仍然可以從願意遵守這些法規的酒廠著手。另外，只要我們能在酒瓶詳細標示細節，也能得到消費者的理解。

編輯部：非常感謝您今日接受採訪。

VV0085X

新世紀日本威士忌品飲指南【暢銷紀念版】

深度走訪各品牌蒸餾廠，細品超過 50 支經典珍稀酒款，
帶你認識從蘇格蘭出發、邁入下一個百年新貌的日本威士忌。

原 書 名	ジャパニーズウィスキー　第二創世紀
作　　者	和智英樹、高橋矩彥
譯　　者	陳匡民
特約編輯	魏嘉儀

出　　版	積木文化
總 編 輯	江家華
責任編輯	張成慧、沈家心
版　　權	沈家心
行銷業務	陳紫晴、羅仔伶

發 行 人	何飛鵬
事業群總經理	謝至平

城邦文化出版事業股份有限公司
台北市南港區昆陽街16號4樓
電話：886-2-2500-0888　傳真：886-2-2500-1951

發　　行　英屬蓋曼群島商家庭傳媒股份有限公司城邦分公司
台北市南港區昆陽街16號8樓
客服專線：02-25007718；02-25007719
24小時傳真專線：02-25001990；02-25001991
服務時間：週一至週五上午09:30-12:00；下午13:30-17:00
劃撥帳號：19863813　戶名：書虫股份有限公司
讀者服務信箱：service@readingclub.com.tw
城邦網址：http://www.cite.com.tw

香港發行所　城邦（香港）出版集團有限公司
地址：香港九龍土瓜灣土瓜灣道86號順聯工業大廈6樓A室
電話：(852)25086231　|　傳真：(852)25789337
電子信箱：hkcite@biznetvigator.com

馬新發行所　城邦（馬新）出版集團 Cite（M）Sdn Bhd
41, Jalan Radin Anum, Bandar Baru Sri Petaling, 57000 Kuala Lumpur, Malaysia.
電話：(603) 90563833　|　傳真：(603) 90576622
電子信箱：services@cite.my

封面設計	郭家振
內頁排版	陳佩君
製版印刷	上晴彩色印刷製版有限公司

日文原書製作人員

撰文＝和智英樹、高橋矩彥
攝影＝和智英樹
寄稿＝住吉祐一郎
編輯＝行木誠
插畫＝高橋清子
設計＝小島進也

採訪協力／攝影協力

Suntory Holdings Co., Ltd.
Asahi Group Holdings Co., Ltd.
The Nikka Whisky Distilling Co., Ltd.
Kirin Distilling Co., Ltd.
Eigashima Shuzo Co., Ltd.
Hombo Shuzo Co., Ltd.
Venture Whisky Co., Ltd.
Kiuchi Brewery Inc.
Kenten Jitsugyo Co., Ltd.
Gaiaflow Distillery Co., Ltd.
Ariake Sangyo Co., Ltd.
Sun-Ad Co., Ltd.
Shot Bar Zoetrope
Bar Pontocho Kissyou
Kichijyouji Sun Tama Bar

國家圖書館出版品預行編目（CIP）資料

新世紀日本威士忌品飲指南：深度走訪各品牌蒸
餾廠，細品超過50支經典珍稀酒款，帶你認識從蘇格
蘭出發，邁入下一個百年新貌的日本威士忌／和智
英樹, 高橋矩彥著；陳匡民譯. -- 二版. -- 臺北市：
積木文化：城邦文化出版事業股份有限公司出版：
英屬蓋曼群島商家庭傳媒股份有限公司城邦分公
司發行, 2024.06
面；　公分
譯自：ジャパニーズウィスキー：第二創世紀
ISBN 978-986-459-601-1(平裝)

1.CST: 威士忌酒 2.CST: 品酒 3.CST: 日本

463.834　　　　　　　　　　113006395

Japanese Whisky Daini Soseiki
Photo by Hideki Wachi
Copyright © STUDIO TAC CREATIVE 2017
Chinese translation rights in complex characters arranged with
STUDIO TAC CREATIVE Co. Ltd.
through Japan UNI Agency, Inc., Tokyo

城邦讀書花園
www.cite.com.tw

【印刷版】　　　　　　　　　　【電子版】
2019年1月17日　初版一刷　　　2024年6月　二版
2024年6月27日　二版一刷　　　ISBN 978-986-459-602-7（EPUB）
售　價／NT$750　　　　　　　版權所有・翻印必究
ISBN 978-986-459-601-0
版權所有・翻印必究

Printed in Taiwan